Präsentieren

GABAL

Präsentieren

Erfolgreich präsentieren und überzeugen

STEVE SHIPSIDE

A Dorling Kindersley Book
www.dk.com

Bibliografische Information der Deutschen Nationalbibliothek
Die Deutsche Nationalbibliothek verzeichnet diese Publikation in der Deutschen Nationalbibliografie; detaillierte bibliografische Informationen sind im Internet über http://dnb.d-nb.de abrufbar.

Titel der englischen Originalausgabe: Perfect Your Presentations. Deliver confident, high-impact performances

ISBN 978-3-89749-855-6

Übersetzung: Nikolas Bertheau, Hamburg
Lektorat: Anke Schild, Hamburg
Satz: Das Herstellungsbüro, Hamburg, www.buch-herstellungsbuero.de
Umschlaggestaltung: Martin Zech, www.martinzech.de

www.gabal-verlag.de

Inhalt

3 Der Vortragende

4 Die Requisiten

5 Das Publikum

Einführung

Präsentationen sind die potenziellen Sternstunden Ihrer beruflichen Laufbahn. Für einen Augenblick stehen Sie im Rampenlicht, können glänzen, für Ihr Anliegen werben und andere Menschen überzeugen.

Ob Sie Meinungsbildung betreiben, zusätzliche Geldmittel auftreiben oder nur Ihre eigene Sicht der Dinge kundtun wollen – die Präsentation bildet den Schlüssel zum Erfolg Ihres Anliegens. Warum werden dann so viele dieser goldenen Gelegenheiten verschenkt? Dieses Büchlein stellt sämtliche Zutaten einer wirklich gelungenen Präsentation vor, von der Recherche über den Inhalt und die Kunst des Vortragens bis zum anschließenden Feedback. Es erklärt Ihnen, wie Sie Ihr Lampenfieber überwinden und Ihr Publikum fesseln können, worüber Sie sprechen und worüber Sie schweigen sollten. Ganz gleich, ob Sie ein alter Hase sind, der seine Vortragskunst noch etwas aufpolieren will, oder ein nervöser Newcomer, der nicht weiß, wie er die Veranstaltung durchstehen soll – hier finden Sie alle Informationen, die Sie benötigen. Zahlreiche Tipps und Beispiele von den besten

Beginnen Sie mit einem Paukenschlag – und fahren Sie dann fort, indem Sie Ihr Publikum beeindrucken und überzeugen.

Vertretern der Vortragskunst werden Ihnen helfen, Ihren informellen Berichten mehr Wirkung und Ihren ausgefeilten Präsentationen mehr Glanz zu verleihen.

Zu den behandelten Themen gehören Recherche und Planung, das heikle Stichwort Humor, die Strukturierung des Materials, das Erkennen der Publikumsstimmung, die Interaktion mit dem Publikum sowie der Umgang mit Zwischenrufern. Das Spektrum möglicher Präsentationen reicht vom Stegreifvortrag bis zur Multimediashow mit Video und Animation, PowerPoint und Beamer. Die Methode »Erzählen Sie den Leuten, was Sie ihnen sogleich erzählen werden, erzählen Sie es ihnen, und erzählen Sie ihnen anschließend, was Sie ihnen soeben erzählt haben« ergibt noch lange keine gute Präsentation. Dieses Büchlein zeigt Ihnen, wie Sie Ihrem Vortrag echte Strahlkraft verleihen.

Bestandsaufnahme

Der folgende Selbsttest wird Ihnen helfen, sich über diverse Aspekte des Präsentierens Gedanken zu machen, ganz gleich, ob Sie in diesem Metier Anfänger oder gewiefter Experte sind. Füllen Sie den Fragebogen aus, bevor Sie das Buch lesen, und dann noch einmal, nachdem Sie es gelesen haben – und seien Sie dabei so ehrlich wie möglich.

Vorher Nachher

1 Wie reagieren Sie, wenn Sie erfahren, dass Sie eine Präsentation übernehmen sollen?

A Wie überstehe ich das nur?

B Großartig – ich habe ein Publikum für meine Talente

C Interessant – wie kann ich von dieser Gelegenheit profitieren?

2 Was beschäftigt Sie am meisten, wenn Sie eine Präsentation vorbereiten?

A Wie kann ich ohne großen Aufwand etwas zusammenschustern?

B Wie lautet meine Botschaft?

C Wie will ich das Verhalten und die Einstellung meiner Zuhörer beeinflussen?

3 Welchen Zweck verfolgen Sie mit Ihrer Präsentation?

A Weiß nicht genau

B Meine Botschaft rüberbringen

C Ich weiß es nicht, aber ich weiß, wie ich es erausfinde

4 Wie werden Sie für diese Präsentation recherchieren?

A Ich borge mir eine fertige Präsentation von einem Kollegen und reichere sie ein wenig an

B Recherche ist nicht notwendig – meine Präsentation steht bereits

C Ich werde mich aus zahlreichen Quellen bedienen – bei mir selbst, bei der Konkurrenz und beim Publikum

Vorher Nachher

5 **Wie umfangreich ist Ihre Präsentation?**

- **A** Ich weiß nicht
- **B** Sie dauert halt so lange, wie sie nun einmal dauert
- **C** Hängt von der Situation ab – ich kann sie je nach Interesse straffen oder erweitern

6 **Wie viele zentrale Aussagen enthält die Präsentation?**

- **A** Für jedes Schaubild eine
- **B** Alles ist wichtig
- **C** Nicht mehr, als ich mit den Fingern einer Hand aufzählen kann

7 **Könnten Sie die Präsentation notfalls ohne Schaubilder, Notizen und andere Hilfsmittel halten?**

- **A** Die Schaubilder sind die Präsentation – ohne sie läuft nichts
- **B** Theoretisch ja; ich weiß meinen Text auswendig
- **C** Ja, und so gelingt sie sogar besser

8 **Wie proben Sie die Präsentation?**

- **A** Ich probe gar nicht
- **B** Diesmal nicht mehr nötig – ich halte sie nicht zum ersten Mal
- **C** Mit einer »Generalprobe« vor einem fiktiven Publikum

9 **Wie lässt sich die Struktur Ihrer Präsentation am besten beschreiben?**

- **A** Die Schaubilder sind nummeriert
- **B** Ich erzähle dem Publikum, was ich erzählen will, dann erzähle ich es, und anschließend erzähle ich, was ich erzählt habe
- **C** Ich beginne mit einem Paukenschlag, baue in der Mitte Spannung auf und ende mit einem Feuerwerk

10 **Wo halten Sie sich während einer Präsentation am liebsten auf?**

- **A** Hinten im Raum, um den Beamer zu bedienen
- **B** Hinter einem Stehpult
- **C** Ich wandere umher

Vorher Nachher

11 **Was machen Sie mit Ihren Händen, wenn Sie vortragen?**

A Darüber habe ich noch nie nachgedacht
B Ich unterstreiche mit ihnen die Bedeutung dessen, was ich sage
C Ich halte sie locker gefaltet vor dem Körper

12 **Welche Bedeutung spielt PowerPoint für Sie?**

A Ein Lebensretter – ohne PowerPoint keine Präsentation
B Ich habe dafür keine Verwendung
C Ich setze es mit Bedacht ein

13 **Was halten Sie von Animationen, Videos und Übergangseffekten?**

A Ich finde sie cool
B Ich empfinde sie als störend
C Das hängt von zahlreichen Faktoren ab: insbesondere von der Tageszeit, dem Publikum und der Botschaft

14 **In welchem Umfang passen Sie Ihre Präsentation an Ihr Publikum an?**

A Warum sollte ich das tun?
B Ich danke dem Publikum mit expliziter Unternehmensnennung
C Ich wähle die Schaubilder gezielt aus und spreche bei Gelegenheit einzelne Zuhörer namentlich an

---

Gesamt

	A	B	C
Vorher			
Nachher			

Auswertung

Überwiegend A-Antworten

Diese Antworten lassen auf mangelndes Vertrauen in die eigene Vortragskunst sowie auf den Wunsch schließen, mit möglichst wenig Aufwand über die Runden zu kommen. Überlegen Sie, welche Aspekte des Präsentierens Ihnen die meisten Probleme bereiten, und setzen Sie sich mit ihnen gezielt auseinander. Machen Sie sich mit Techniken vertraut, die Ihnen die Furcht vor der Präsentation nehmen – indem Sie ihr beispielsweise eher einen Gesprächs- als einen Vortragscharakter geben oder indem Sie geeignete Hilfsmittel verwenden, hinter denen Sie sich jedoch auf keinen Fall verstecken sollten.

Überwiegend B-Antworten

Sie sind, was Ihre Präsentationen betrifft, zuversichtlich – oder sogar enthusiastisch. Sie sehen darin eine Gelegenheit, sich von Ihrer besten Seite zu zeigen. Sie laufen jedoch Gefahr, sich allzu sehr auf die eigene Person und auf Ihre Botschaft anstatt auf das Publikum zu konzentrieren. Möglicherweise interessieren Sie die technischen Aspekte einer wirkungsvollen Präsentation besonders; dennoch wären Sie gut beraten, wenn Sie sich mehr darum bemühen würden, Ihr Publikum zu verstehen.

Überwiegend C-Antworten

Sie kennen sich in der Kunst des Präsentierens erstaunlich gut aus und wissen, dass es weniger auf den Weg als vielmehr auf das Ziel ankommt. Vergessen Sie dabei aber nicht sich selbst – auch wenn eine gute Präsentation in erster Linie dem Publikum Gelegenheit gibt, etwas hinzuzulernen, sollten Sie dennoch Ihr eigenes Licht nicht unter den Scheffel stellen. Die Präsentationstechniken dieses Buches können Ihnen helfen, Ihre Chance bestmöglich zu nutzen.

Noch ein Wort zu Ihrem Ergebnis ...

Wenn Sie diesen Selbsttest zum ersten Mal durchführen, sollten Sie dieses Ergebnis bei der Lektüre des Buches im Auge behalten. Achten Sie insbesondere auf die Aspekte, die sich in Ihren Antworten als Ihre Schwachstellen herausgestellt haben, sowie auf die Tipps und Techniken. Probieren Sie diese Techniken selbst aus, nachdem Sie das Büchlein zu Ende gelesen haben, und nehmen Sie sich anschließend den Fragebogen noch einmal vor. Wenn Sie ehrlich antworten, können Sie Ihre Fortschritte unmittelbar ablesen.

1

Vorbereitung

Ganz gleich, ob Sie dieses Büchlein lesen, weil Sie als alter Hase Ihr Präsentationsgeschick noch weiter verfeinern wollen oder weil gerade erst Ihre allererste Präsentation bevorsteht und Sie Ihre Nervosität überwinden wollen – in diesem Kapitel erfahren Sie, was Sie alles bedenken und welche Fragen Sie beantworten müssen, bevor Sie mit Ihrer Präsentation beginnen können. Sie lernen, wie Sie:

- Ihre Ziele formulieren,
- die drei entscheidenden Fragen nach Rolle, Zweck und Inhalt beantworten,
- die räumlichen Gegebenheiten optimal nutzen,
- gründlich recherchieren.

Denken Sie positiv

Manche Menschen halten mit Begeisterung Vorträge und wissen die Gelegenheit, sich in Szene zu setzen und andere Menschen zu beeinflussen, zu schätzen. Viele andere jedoch fürchten sich eher vor dem Ereignis und wollen es so schnell wie möglich hinter sich bringen.

Der potenzielle Nutzen

Bei einer Präsentation geht es stets um mehr als um den erklärten Zweck. Denken Sie einen Augenblick darüber nach, wie Sie von einer sorgfältig inszenierten Präsentation profitieren können. Es gibt viele Gebiete, auf denen Sie etwas erreichen können:

- Finanzen: Hierzu gehören Fundraising, der Kampf um Budgetmittel oder die Anwerbung von Investoren.
- Überzeugungen: Ob Sie eine komplette Weltsicht, eine politische Anschauung oder eine Firmenpolitik verkaufen – die Präsentation ist die wichtigste Waffe, um Herzen und Köpfe für sich zu gewinnen.
- Prestige: Ob es um das Ansehen des Unternehmens oder Ihr persönliches Prestige geht (wenn ein Unternehmen von einer Person auf der Bühne repräsentiert wird, kann es um beides zusammen gehen) – hier ist Ihre Chance, richtig zu punkten.
- Persönliche Befriedigung: Sie brauchen nicht vor Freude in die Luft zu springen, aber ein Gefühl des Stolzes über eine gelungene Präsentation ist schon erlaubt.

Fragen Sie sich: Warum will ich präsentieren? Wie will ich präsentieren?

Profitieren Sie persönlich

Es ist normal, wenn Ihnen der Gedanke an eine bevorstehende Präsentation Kopfschmerzen bereitet, aber wenn Sie nur daran denken, wie Sie sie hinter sich bringen, verpassen Sie womöglich die Chance, einen richtig guten Eindruck zu hinterlassen. Sortieren Sie Ihre Gedanken, indem Sie schriftlich festhalten, welche fünf Ziele Ihnen am wichtigsten sind, welche Menschen Sie konkret beeindrucken und welche Botschaft Sie ihnen mitgeben wollen.

Senden Sie die richtigen Botschaften

Um die Bedeutung des Präsentierens besser zu verstehen, sollten Sie sich einmal darüber Gedanken machen, welche Botschaften Sie mit dem Verzicht auf eine Präsentation in die Welt senden:

- Ich verstehe meine Sache nicht gut genug, um sie zu erklären
- Mir fehlt es an Selbstvertrauen und/oder Kompetenz
- Ich bin kein guter Vermittler
- Ich würde lieber verzichten und anderen die Aufgabe überlassen
- Ich bin nicht daran interessiert, meine Branchenkollegen zu treffen, um bei ihnen einen Eindruck zu hinterlassen

Würden Sie solche Dinge in einem Einstellungsgespräch von sich geben? Würden Sie jemanden einstellen, der sich so äußert? Fast jeder kennt diese Gefühle, aber man muss sie nicht in die Welt hinausposaunen. Bemühen Sie sich lieber darum, mithilfe dieses Buches aus Ihren Schwächen Stärken zu machen und Ihr Präsentationsgeschick maximal zu entwickeln.

Setzen Sie sich Ziele

Aus zwei Gründen ist es wichtig, dass Sie Ziele haben, an denen Sie sich orientieren können. Da ist zum einen der praktische Nutzen – indem Sie sich für ein Ziel entscheiden, befinden Sie sich bereits mitten im Recherche- und Vorbereitungsprozess, der Sie letztlich zum Ziel hinführt. Der zweite Nutzen ist der psychologische. Indem Sie sich an einem Ziel orientieren, verwandeln Sie sich von jemandem, der (möglicherweise widerwillig) an eine bevorstehende Präsentation denkt, in jemanden, der dieses Ereignis herbeisehnt. Allein schon dadurch steigen die Chancen, dass Sie Ihre Sache gut machen werden.

TIPP Setzen Sie sich konkrete Ziele. »Einen guten Eindruck machen« ist zu vage. »Den Chef mit meiner Kenntnis der Konkurrenzprodukte beeindrucken« ist hingegen ein klares Ziel.

Rolle, Inhalt und Zweck

Der Anfänger wähnt sich als Vortragender häufig durch einen tiefen Graben vom Publikum getrennt. Der Geübte hingegen sieht sich als ein Zuhörer unter vielen, der seinen eigenen Vortrag mit den Ohren und Augen des Publikums verfolgt.

Erkennen Sie alle Rollen

Natürlich wissen Sie, wer Sie sind, aber wissen Sie auch, wie das Publikum Sie sieht? Sind Sie der Experte? Die Opposition? Der Entertainer? Überlegen Sie, welchen Eindruck Sie auf sich selbst als Zuhörer machen würden. Wenn Sie sich über Ihre eigene Rolle klar geworden sind, denken Sie über Ihre Zuhörer nach. Was wissen Sie über sie? Versuchen Sie, die folgenden Fragen zu beantworten:

- Wie viele Menschen sitzen im Publikum?
- Wie hoch sind sie im Unternehmen oder der Institution angesiedelt (dies betrifft eine Lehrer-Eltern-Versammlung in der Schule ebenso wie die Jahreshauptversammlung eines multinationalen Großunternehmens)?
- Welche Werte vertreten sie?

Fallstudie: Alle Standpunkte verstehen

Karla, Projektleiterin in einem Ingenieurbüro, hatte Schwierigkeiten, den Designern und Ingenieuren in ihrem Team die Sichtweise der jeweils anderen Gruppe zu vermitteln. Daher griff sie zum Mittel des Rollenspiels – sie gab das Versprechen vor, das dem Kunden gemacht werden sollte, und bat nun jede Gruppe, diejenigen Probleme zu benennen, vor denen sie annahm, dass die jeweils andere Gruppe sie im Ernstfall vorbringen würde.

- *Indem sich die Designer damit abmühten, die praktischen Aspekte des Produkts zu verstehen, und die Ingenieure damit beschäftigt waren, den kreativen Entwurf zu verbessern, gewannen beide Seiten nützliche Einsichten in die Bedeutung und den Standpunkt der jeweils anderen Seite.*
- *Karla lernte aus dem, was sich vor ihren Augen und Ohren abspielte, dass eine solche Übung im lateralen Denken die Menschen tatsächlich näher zusammenbringen und ihr gegenseitiges Verständnis verbessern kann.*

Nützliche TECHNIKEN

Finden Sie heraus, wie man Sie sieht, und proben Sie Ihren »Einstand« vor dem Publikum.

Geben Sie sich auf der persönlichen und professionellen Ebene ein plastisches Profil.

1 Überlegen Sie, was Sie sagen wollen, und sagen Sie es laut. Proben Sie so lange, bis es natürlich klingt.
2 Geben Sie sich einen Kontext: Präsentieren Sie sich gegebenenfalls in einem Familien- oder Freundesumfeld.
3 Erinnern Sie Ihre Zuhörer daran, dass Sie ebenso Bestandteil der Öffentlichkeit sind wie die Kunden der Zuhörer.
4 Beginnen Sie mit einer kurzen Anekdote, die Ihre Fähigkeiten illustriert, die Sie als Vortragenden qualifizieren.

- Über welchen Informationsstand verfügen sie?
- Wie groß ist ihr Interesse?
- Was veranlasst sie, sich Ihren Vortrag anzuhören?
- Was erwarten sie von Ihnen?

Verschaffen Sie sich Insiderinformationen

Wenn Sie die Antworten auf diese Fragen nicht kennen, sollten Sie versuchen, sie herauszufinden. Ein paar kurze E-Mails und Telefonate, und Ihre Präsentation spricht Ihre Zuhörer gleich viel mehr an. Eine Möglichkeit, rasch etwas über ein Unternehmen (nicht zuletzt Ihr eigenes) zu erfahren, bietet die jeweilige Firmenwebsite. Dort finden Sie Informationen für Anteilseigner, Pressemeldungen und möglicherweise die Profile einzelner leitender Mitarbeiter. Ein »Leitbild« enthält die offiziellen Ziele und Werte des Unternehmens. Nicht immer jedoch ist garantiert, dass die Mitarbeiter des Unternehmens mit diesem Leitbild vertraut sind. Aber immerhin ernten Sie damit ein verschmitztes Grinsen, und es hilft Ihnen, eine Insidereinschätzung zu bekommen, wie das Unternehmen sich selbst und seine Ziele wahrnimmt.

TIPP Ermitteln Sie die wichtigsten Zuhörer und stimmen Sie Ihre Präsentation auf deren Bedürfnisse ab.

Der Zweck der Präsentation

In vielen Fällen finden der Vortragende und seine Zuhörer nicht aus freien Stücken zueinander, sondern weil damit ein bestimmter Zweck verfolgt wird. Die Beteiligten machen sich dazu häufig keine weiterführenden Gedanken. Dabei gibt es viele mögliche Gründe für eine Präsentation, und der Zweck der Veranstaltung beeinflusst selbstverständlich Inhalt und Form. Wenn Sie die Starattraktion des Tages sind, dann wissen Sie sicherlich, welchen Zweck Ihr Vortrag erfüllt, und vermutlich halten Sie ihn auch nicht zum ersten Mal. Das heißt jedoch nicht, dass Sie ihn einfach aus der Tasche ziehen und Wort für Wort ablesen können – Sie sollten sich die Zweckfrage jedes Mal neu stellen, um zu sehen, ob sich in der Zwischenzeit etwas verändert hat.

Achten Sie auf Originalität

Diese Regeln gelten auch für Stars; und hier erhält die Frage nach dem Zweck ein besonderes Gewicht. Berühmtheiten lassen sich nicht auf großen Veranstaltungen blicken, ohne sich vorher abzusichern, dass Freunde und Rivalen nicht plötzlich in derselben Abendgarderobe auftauchen. Ebenso merkt sich

Beziehung zum Publikum Die Kunst des Präsentierens besteht in erster Linie in der Fähigkeit, eine Beziehung zum Publikum aufzubauen.

Rollenverständnis

Bevor Sie Ihre Präsentation vorbereiten und auf die Bedürfnisse des Publikums zuschneiden können, sollten Sie einige Fragen zu Ihrer eigenen Rolle beantworten:

- Bin ich hier, um Wahrnehmungsmuster zu verändern?
- Will ich ein bestimmtes Verhalten anstoßen?
- Wozu will ich die Zuhörer inspirieren?
- Liefere ich neue Informationen?
- Will ich unterhalten oder erziehen?
- Will ich eine Gegenansicht zu einer bestehenden Sichtweise präsentieren?
- Bin ich hier, um meine Position beziehungsweise die Position meines Unternehmens zu rechtfertigen?
- Bilde ich den Hintergrund für die Präsentation eines weiteren Redners?
- Dient meine Präsentation als Ersatz- oder Pausenvorstellung?
- In welcher Beziehung steht mein Vortrag zu den übrigen Vorträgen?

Wenn Sie nicht der Star sind und von Ihnen keine bestimmte Rolle erwartet wird, können Sie sich entspannt von Ihrer besten Seite präsentieren.

der geübte Vortragende nicht nur den Zeitpunkt seines Auftritts, sondern er prüft, wer vor und nach ihm an der Reihe ist, und findet (so gut es geht) heraus, warum sein Vortrag überhaupt auf der Tagesordnung steht. Wenn sich Themen überlappen und Sie den Anfang machen, sollten Sie keine Probleme haben. Wenn Sie allerdings als Zweiter zu einem Thema sprechen, ist es wichtig, dass Sie die Betrachtungsweise Ihres Vorredners im Voraus kennen. Ist der Unterschied zu gering, laufen Sie Gefahr, dass Ihre Botschaft mit der Botschaft des Vorredners verschmilzt und Sie am Ende kaum wahrgenommen werden.

Das Publikum hört Ihnen nur so lange zu, wie es eine Idee davon hat, wohin die Reise geht.

Philip Crosby

Der Inhalt der Präsentation

Wenn Sie Zweck und Adressaten Ihrer Präsentation kennen, ist auch die Frage nach dem Inhalt bereits zu drei Vierteln beantwortet: Welche Zutaten benötigen Sie für Ihre Präsentation? Wenn sie Schulungszwecken dient, können Sie aus der Zusammensetzung der Teilnehmer ableiten, was sie enthalten muss. Bedenken Sie, dass selbst das aufmerksamste Publikum kaum mehr als drei oder vier Kernaussagen aus Ihrem Vortrag in Erinnerung behält. Wenn Sie etwas verkaufen wollen, sollten Sie rechtzeitig daran denken, den wesentlichen Gebrauchsnutzen Ihres Produkts hervorzuheben, bevor Sie sich in irgendwelchen Details verlieren.

Inhalt als Funktion von Publikum und Präsentationszweck

Überlegen Sie, welche Inhalte Ihr Publikum ansprechen könnten. Wenn Ihr Vortrag unterhalten oder das Publikum auf die nachfolgenden Programmpunkte einstimmen soll, müssen Sie seinen Informationsgehalt reduzieren und ihn stattdessen mit anekdotischen, humoristischen und audiovisuellen Elementen anreichern. Wenn der einzige Zweck Ihres Vortrags darin besteht, eine Programmlücke zu füllen, sollten Sie sich ganz auf Ihr Publikum konzentrieren und überlegen, welche Chancen diese unverhoffte Gelegenheit für Sie persönlich bereithält. Wenn das Thema nicht feststeht, können Sie es frei wählen. Aber selbst wenn Sie sich zu einer Selbstdarstellung entschließen, sollten Sie darauf achten, dass Sie Ihre Botschaft an die Aufnahmebereitschaft des Publikums anpassen.

5 Minuten Lösung

Wenn Sie die Präsentation eines Kollegen übernehmen müssen:

- Vergewissern Sie sich, dass Ihre Zuhörer die Präsentation nicht kennen.
- Machen Sie sich mit ihrem Inhalt hinreichend vertraut.
- Reichern Sie sie mit eigenem Material an.

Fallstudie: Das Publikum im Blick behalten

Der Technologieexperte Ramesh sollte Journalisten eine neue Dienstleistung seines Unternehmens vorstellen. Er erschien mit einer 67-Folien-Präsentation, mit deren Hilfe er zuvor seine firmeninternen Kollegen in die neue Materie eingeführt hatte. Die Journalisten hatten jedoch mehr Mühe, die technischen Zusammenhänge zu begreifen, und mussten zudem noch vom Nutzen des Dienstes überzeugt werden. Sie wollten in erster Linie verstehen, was an ihm so aufregend und neu war. Als Ramesh erkannte, wie sehr sich der Zweck der gegenwärtigen Veranstaltung von dem der vorigen unterschied, schaltete er sein Projektionsgerät aus, setzte sich zwischen die Journalisten und erklärte ihnen mit einfachen Worten, was den neuen Dienst so spannend machte.

- *Indem Ramesh sich mitten unter seine Zuhörer begab, signalisierte er, dass er ihre Bedürfnisse ernst nahm.*
- *Ramesh begriff, dass auch eine gute Präsentation nicht für jedes Publikum geeignet ist. Das Publikum honorierte seine Anstrengungen und hörte ihm aufmerksam zu.*

Machen Sie Ihre Hausaufgaben

Manch einer macht sich seine Aufgabe einfach, indem er die Präsentation eines Kollegen übernimmt. Vieles scheint dafür zu sprechen: Wenn der Vortrag schon einmal sein Publikum erreicht hat, warum dann nicht noch einmal? Sie sollten jedoch dieser Versuchung in jedem Fall widerstehen. Jeder beantwortet die Fragen nach Rolle, Zweck und Inhalt anders. Bestenfalls stehen Sie am Ende wie eine blasse Kopie Ihres Kollegen dar. Ebenso gut kann es jedoch auch passieren, dass Sie den Argumentationsfaden aus den Augen verlieren und dem Publikum Kraut und Rüben servieren. Natürlich können Sie von Ihren Kollegen Folien, Daten und amüsante Geschichten übernehmen, sollten sie aber in Ihre eigene Vortragsstruktur einpassen und mit einer individuellen Note versehen. Lesen Sie niemals wörtlich ab.

TIPP Wenn ein Redner absagt, sollten Sie den Grund in Erfahrung bringen, bevor Sie in die Bresche springen.

Der Ort des Geschehens

Sie sollten dem Vortragsort stets im Voraus einen Besuch abstatten, um unter anderem sicherzustellen, dass die Wegbeschreibung korrekt und der Raum Ihren Erwartungen entsprechend ausgestattet ist.

Sparen Sie nicht am falschen Ende

Vertrautheit fördert Nachlässigkeit, und wenn sich der Schauplatz Ihrer Präsentation im eigenen Unternehmen befindet, werden Sie ihn vermutlich weniger gründlich in Augenschein nehmen als einen Präsentationsraum in einer fremden Stadt. Deshalb lassen sich wohl auch so viele firmenintern Vortragende am falschen Ende des Tisches nieder (dort, wo sich die einzige Steckdose befindet), während sich die Nachzügler durch die Traube der Ehrengäste zwängen müssen.

Ortsbesichtigung

Ganz gleich, wie gut Sie die ötlichen Gegebenheiten zu kennen meinen – nehmen Sie sich die Zeit und führen Sie folgenden Kurzcheck durch:

- Wo befinden sich die elektrischen Schalter und Steckdosen?
- Existieren Flipchart, Whiteboard und/oder eine gewöhnliche Wandtafel?
- Reichen die Sitzgelegenheiten aus?
- Ist der Raum klimatisiert?
- Gibt es ein Telefon? Lässt es sich während des Vortrags abschalten?
- Können Nachzügler den Raum betreten, ohne den Vortrag zu stören?
- Falls Beamer oder Projektoren vorgesehen sind: Lässt sich der Raum abdunkeln?
- Wissen Sie genau, wie Sie zu dem Raum gelangen?
- Kennen Ihre Zuhörer den Weg?
- Können sich die Zuhörer verirren? Wäre ein Lageplan hilfreich?

Erkunden Sie den Schauplatz Wenn sich die Möglichkeit bietet, sollten Sie den Veranstaltungsort unbedingt im Voraus besichtigen, um Überraschungen zu vermeiden.

Seien Sie zuversichtlich

Angenommen, Ihr Vortrag wird im letzten Augenblick in einen anderen Raum oder ein anderes Gebäude verlegt. Sind Sie sicher, dass Sie Ihre Präsentation dennoch halten können? Überlegen Sie einen Augenblick, wie Sie reagieren würden, falls sich herausstellt, dass sich der Raum nicht abdunkeln lässt oder die vorhandenen Steckdosen keinen Strom haben. Stellen Sie sich vor, wie Sie Ihren Vortrag in einer informellen Umgebung halten, beispielsweise wenn Sie mit Ihren Zuhörern an einem Restauranttisch sitzen. Das Wissen darum, dass Sie das Nötige auch ohne technische Hilfsmittel vermitteln könnten, wird Ihr Selbstvertrauen stärken, sodass Sie auch mit anderen unerwarteten Problemen leichter zurechtkommen werden.

TIPP Viele Präsentationen finden in Hotels statt, die einer Hotelkette angehören. Stellen Sie mit einem Anruf sicher, dass Sie sich auf das richtige Haus vorbereiten.

Kommen Sie auf den Punkt

Sie selbst profitieren von Ihrem Vortrag am meisten, wenn auch das Publikum das bekommt, was es sich wünscht. Wie ein guter Verkäufer, der zuerst herausfindet, was seine Kunden wollen, muss sich auch der Vortragende bemühen, die Wünsche seiner Zuhörer zu erfüllen.

Bieten Sie Anreize

Manchmal besteht der Trick darin, den Kunden zu suggerieren, dass sie genau das wollen, was der Verkäufer ihnen präsentiert: Wenn Sie wollen, dass man Ihnen zuhört, müssen Sie hinreichende Anreize liefern. Fragen Sie sich zuerst, aus welchen wichtigen Individuen und Gruppen Ihr Publikum besteht. Überlegen Sie, was sich die Betreffenden am sehnlichsten wünschen. Gehen Sie Ihre geplante Präsentation durch und suchen Sie nach Punkten, die diesen Wünschen entgegenkommen. Werden Sie konkret. Wenn Sie eine neue Dienstleistung oder ein Produkt vorstellen, sollten Sie berücksichtigen, dass die Interessenlage eines potenziellen Investors eine andere ist als die eines potenziellen Kunden. Wenn Sie zwischen den Wünschen der Zuhörer und Ihren Ausführungen keine hinreichende Übereinstimmung herstellen können, sollten Sie Ihre Präsentation noch einmal von Grund auf überarbeiten.

Interesse wecken

Fragen Sie Ihre Zuhörer zu Beginn, was ihnen wichtig ist (die Antwort sollte Ihnen nicht neu sein)

↓

Verkünden Sie, dass Ihr Vortrag unmittelbar auf diese Wünsche oder Sorgen eingehen wird

↓

Erläutern Sie Ihre Gedanken und achten Sie darauf, dass Sie die Wünsche und Sorgen der Zuhörer stets im Blick haben

↓

Eröffnen Sie Ihren Zuhörern zum Abschluss, dass sie der Erfüllung ihrer Wünsche dank des Vortrags ein gutes Stück näher gekommen sind

Sprechen Sie die Sorgen Ihrer Zuhörer an

Es gibt viele Faktoren, die das menschliche Verhalten beeinflussen, doch wenn wir mit zynischem, aber scharfem Blick das Wesentliche vom Unwesentlichen trennen, bleiben am Ende zwei eng miteinander verwandte Triebe übrig: Angst und Habgier.

Die Ängste der Menschen sind in der Regel von zweierlei Art. Die einen betreffen die Branche und das Unternehmen, für das wir tätig sind, die anderen uns persönlich. »Habgier« stellt lediglich die andere Seite derselben Medaille dar – wir haben die Idee, dass wir mit zusätzlichen Informationen unsere Konkurrenz ausstechen können. Diese Faktoren müssen Sie berücksichtigen, wenn Sie das Interesse Ihrer Zuhörer wecken wollen. Sie müssen sich nicht ausdrücklich auf diese Ängste und diese Habgier beziehen – Sie sollten es sogar tunlichst vermeiden –, aber ein Bewusstsein dafür wird Ihnen helfen, Ihre Präsentation auf den Punkt zu bringen.

Allgemeine und persönliche Ängste

ALLGEMEINE ÄNGSTE

- Angst, einen neuen Markttrend zu übersehen, mit der Folge, dass das eigene Unternehmen gegenüber der Konkurrenz ins Hintertreffen gerät
- Angst, dass die Konkurrenz besser informiert ist und auf dieser Grundlage die besseren Geschäftsentscheidungen treffen kann
- Angst, dass Effizienzmängel das Unternehmen viel Geld kosten und seine Existenz gefährden

PERSÖNLICHE ÄNGSTE

- Angst, dass wir persönlich hinter den Trends herhinken und von ambitionierteren Kollegen überrundet werden
- Angst, dass unser Branchenwissen nicht ausreicht, um unternehmensintern genügend Mittel für unsere Abteilung einzuwerben
- Angst, dass wir, wenn wir nicht an jeder Sitzung teilnehmen, unsere Ausgaben nicht rechtfertigen können

TIPP Die Menschen erwarten die Zukunft mit ebenso viel Angst wie Neugier. Erzählen Sie ihnen etwas über ihre Zukunft und man wird Ihnen begeistert zuhören.

Recherchieren Sie umfassend

So wichtig es ist, dass Sie wissen, was Sie erzählen wollen – Sie sollten auch darüber hinaus gut informiert sein. Eine gute Präsentation zeichnet sich dadurch aus, dass sich der Vortragende in den Angelegenheiten seiner Zuhörer bestens auskennt.

Kenntnis des Materials

Achten Sie darauf, dass Ihre Fakten stimmen, wenn Sie Zahlen, Daten oder Sachverhalte zitieren. Manche Daten veralten schnell, und so sollten Sie unmittelbar vor Ihrer Präsentation prüfen, ob neuere Versionen existieren.

Wenn Sie die Bühne mit Kollegen teilen, sollten Sie im Vorfeld möglichst genau herausfinden, worüber die anderen sprechen werden. Titel allein besagen noch wenig, und Vorträge, die Sie zu kennen meinen, können in der Zwischenzeit überarbeitet worden sein. Wenn jemand von einem anderen Unternehmen stammt, können Sie ihn unter dem Vorwand anrufen, dass Sie Überschneidungen vermeiden wollen. Fragen Sie unter Ihren Kollegen nach, ob irgendwer den Betreffenden schon hat vortragen hören.

Auch Ihr Spezialthema sollten Sie immer wieder neu recherchieren.

Think SMART

Wenn Sie die Fakten zusammenhaben, müssen Sie sie noch unterfüttern, damit daraus ein interessanter und spannender Vortrag wird.

Auch wenn die Zeit begrenzt ist, sollten Sie Ihre Zahlen dem Publikum erklären: Warum ist dieser oder jener Wert größer oder kleiner als jemals zuvor? Warum ist etwas billiger oder teurer als früher? Es reicht nicht, wenn Sie es wissen – Ihr Publikum muss dies auch registrieren.

TIPP **Wenn Sie wichtige Personen vor der Präsentation befragen können, nutzen Sie die Gelegenheit, um herauszufinden, was genau sie von Ihnen hören wollen.**

Machen Sie sich mit den Interessen Ihrer Zuhörer vertraut

Ergründen Sie, welche Personen und Unternehmen in Ihrem Publikum vertreten sein werden. Finden Sie heraus, wo ihre Interessen liegen, wo sie expandieren wollen und wie gut oder schlecht ihr Geschäft läuft. Niemand lebt im Vakuum, und so sollte es Ihnen nicht schwerfallen, so manches Detail – besonders aus Ihrer eigenen Branche – in Erfahrung zu bringen. Studieren Sie auch die Konkurrenten der in Ihrem Publikum vertretenen Unternehmen. Wenn Ihre Präsentation in einem Konferenzrahmen stattfindet, gibt es eine offizielle Besucherliste mitsamt den Gründen, weshalb die einzelnen Teilnehmer auf dieser Liste stehen, und diese Informationen allein liefern Ihnen bereits wichtige Hinweise. Machen Sie sich über wichtige Persönlichkeiten schlau oder sprechen Sie sie unmittelbar an. Während Ihres Vortrags können Sie diese Bekanntschaften dann möglicherweise zu Ihrem Vorteil einsetzen.

Fragen Sie: Was folgt daraus?

Stellen Sie sich diese Frage aus der Sicht Ihres Publikums

Überlegen Sie zu jeder Tatsachenfeststellung in Ihrer Präsentation, was Sie antworten würden, wenn jemand aus dem Publikum fragt: »Ja, und?«

Legen Sie sich eine Begründung zurecht, warum Sie dieses Detail für wichtig genug hielten, um es in Ihre Präsentation aufzunehmen

Berücksichtigen Sie dabei ausdrücklich den Bezug zur Branche des möglichen Fragestellers

Wenn Sie auf die »Ja-und?«-Frage keine befriedigende Antwort wissen, ist es möglicherweise ratsam, auf die betreffende Feststellung im Rahmen des Vortrags zu verzichten

Informationszugang leicht gemacht

Das Internet stellt eine phänomenale Informationsquelle dar, wenn Sie für Ihre Präsentation Fakten, Anekdoten, Bilder oder auch Audio- und Videomaterial suchen.

Neben den Internetauftritten der Unternehmen mit ihren Unternehmenseckdaten, Pressemitteilungen und Produktkatalogen bieten auch zahlreiche andere Webseiten nützliche Informationen. Reiches Anschauungsmaterial liefert beispielsweise der Vergleich der Eigendarstellung eines Unternehmens mit der unabhängigen Presseberichterstattung.

- Achten Sie darauf, dass die Details in den verwendeten Dokumenten aktuell sind. Viele Webangebote werden nur unregelmäßig aktualisiert.
- Fachzeitschriften unterhalten häufig Onlineangebote. Sind die jeweiligen Onlinearchive mit einer Suchfunktion ausgestattet, lassen sich oftmals faszinierende Details zu Unternehmen und Branchen finden.
- Mithilfe von Suchmaschinen können Sie in anderen Internetveröffentlichungen nach aktuellen Informationen suchen, um Ihren Blickwinkel noch zu erweitern.

Die meisten Wirtschaftspublikationen verfügen über einen eigenen Webauftritt, dessen Nutzung allerdings häufig mit Kosten verbunden ist. Wenn Sie sich für einen bestimmten Artikel interessieren, aber nicht bereit sind, dafür zu zahlen, können Sie versuchen, über geeignete Stichwörter in anderen Internetpublikationen ähnliche Artikel oder Exzerpte aufzuspüren. Nützliche Einstiegsadressen sind:

- The Economist – www.economist.com
- Forbes – www.forbes.com
- Fortune – www.fortune.com

Informationen sind der Sauerstoff unseres Zeitalters. Sie durchdringen stacheldrahtbewehrte Mauern und überfliegen auch vermintes Grenzgebiet.

Ronald Reagan

Schauen Sie sich um

Häufig wird eine wichtige Informationsquelle sträflich vernachlässigt: die Menschen im eigenen Umfeld sowie die Zuhörer selbst. Mitarbeiter, Freunde und Bekannte verfügen in ihrer Summe zumeist über umfangreiche – gute und schlechte – Präsentationserfahrungen und eine gründliche Kenntnis Ihrer Zuhörer und Mitvortragenden. Die meisten Menschen berichten nur allzu gern von sich selbst; warum wenden Sie sich also nicht an diejenigen, die bereits vorgetragen oder anderen dabei zugehört haben? Bieten Sie ihnen einen Kaffee an und »stehlen« Sie ihnen fünf Minuten Ihres Wissens.

Spezialisten finden

Gibt es auf Ihre Branche spezialisierte Publikationen – eine Zeitschrift oder Zeitung, die sich ausschließlich Ihrer Branche widmet? Wenn ja, dann können Sie dort anrufen und sich nach jemandem erkundigen, der sich in Ihrem Spezialgebiet auskennt. Möglicherweise erhalten Sie von diesem Spezialisten wertvolle Informationen zu Ihren potenziellen Zuhörern; wenn nicht, können Sie allein mit der Nennung seines Namens die Aufmerksamkeit des Publikums fesseln.

Informieren Sie sich im Voraus

Bedienen Sie sich unmittelbar aus der Quelle – sprechen Sie mit den Experten oder arbeiten Sie sich umfassend in die Materie ein.

2

Der Inhalt

Der Inhalt bildet nicht nur den Kern Ihrer Präsentation; von ihm hängt es auch ab, inwieweit es Ihnen gelingt, das Publikum zu fesseln und die Scheinwerfer einen Moment lang auf Ihre Person zu richten. Solange Ihr Inhalt stichfest, gut strukturiert und auf den zeitlichen Rahmen abgestimmt ist, brauchen Sie sich vor Lampenfieber nicht zu fürchten. In diesem Kapitel lernen Sie, wie Sie:

- kurz und bündig formulieren,
- Lacher ernten, ohne ausgelacht zu werden,
- Ihr Material so organisieren, dass es Ihnen und Ihrem Publikum im Gedächtnis haften bleibt,
- mit einem Paukenschlag beginnen, um die Aufmerksamkeit zu wecken,
- mit einem Höhepunkt enden, der noch lange nachklingt, wenn Sie das Podium verlassen haben,
- Ihre Vortragskunst perfektionieren

PANDA

Fassen Sie sich kurz

Es gibt den alten Witz von dem Redner, der mit den Worten beginnt: »Ich bitte um Entschuldigung, dass mein Vortrag heute etwas länger ausfällt, aber die Zeit reichte nicht für einen kürzeren.« Eine knappe Präsentation erfordert ebenso viel Planungsaufwand wie eine umfangreiche.

Beschränken Sie sich

Eine knappe und gut strukturierte Darbietung ist stets wirkungsvoller als eine ausufernde. Der häufigste Fehler von Vortragenden ist, dass sie zu viel erzählen wollen. Hier sind die Gründe, warum in Präsentationen weniger häufig mehr ist:

Für Präsentationen gilt: Weniger ist mehr.

- Ein Publikum kann sich maximal vier oder fünf zentrale Punkte merken und später wieder in Erinnerung rufen. Mit jedem weiteren verwässern Sie Ihre Aussage.
- So formell der Anlass auch immer ist – Präsentationen leben vom gesprochenen Wort, das in der Regel stets einfacher und direkter ausfällt als die schriftliche Ausführung. Nehmen Sie ein beliebiges Geschäftsdokument und lesen Sie es laut: Sie werden es als langatmig und gestelzt empfinden. Wenn Sie Ihre Präsentation wie ein Schriftstück entwerfen, wird es dasselbe Schicksal erleiden.
- Je kürzer Sie sich fassen, desto geringer ist die Gefahr, dass Sie sich verzetteln oder den Faden verlieren.

Wie sag ich's ...

POSITIVE WIRKUNG

- Verwenden Sie eine klare und direkte Alltagssprache
- Bringen Sie Ihre Botschaften kurz und knapp auf den Punkt
- Strukturieren Sie die Präsentation und beschränken Sie sich aufs Wesentliche

NEGATIVE WIRKUNG

- Sie verwenden spezielle Fachausdrücke, ohne sie näher zu definieren
- Sie kolportieren Klischees und plumpe Werbesprüche
- Sie schreiben aus langatmigen Firmenbroschüren ab

Think SMART

Wenn Sie zu viele Kernaussagen haben und nicht wissen, worauf Sie verzichten wollen, können Sie versuchen, jede dieser Aussagen auf ein eigenes Blatt Papier zu schreiben.

Mischen Sie sie und ziehen Sie blind ein oder zwei davon heraus. Nehmen Sie die verbleibenden Zettel und überlegen Sie, ob die Präsentation auch in dieser verkürzten Form noch Bestand hat. Wenn nicht, wiederholen Sie das Experiment.

- Noch nie hat sich ein Publikum über eine frühzeitige Entlassung in die Kaffeepause beklagt.

Nicht nur für die Gesamtlänge der Präsentation gilt: In der Kürze liegt die Würze. Sie sollten diese Regel auch bei einzelnen Sätzen und Wörtern berücksichtigen. Kein Satz sollte mehr als einen Atemzug benötigen; Sie sollten ihn klar und ohne Pause vortragen können, ohne dass Sie zwischendurch Ihre Gedanken erst sortieren müssen. Enthält Ihr Präsentationsentwurf zu viele zusammengesetzte Wörter und komplizierte Ausdrücke, sollten Sie überlegen, ob Sie denselben Sachverhalt nicht einfacher und pointierter formulieren können.

Bleiben Sie locker

Haben Sie keine Angst vor sich selbst. Die Verfasser von Präsentationen versuchen sich häufig als besonders kompetent darzustellen, indem sie ihren Vortrag mit sprachlichen Stilblüten, Modebegriffen und Fachausdrücken aller Art spicken. In der Folge klingen sie häufig unnatürlich und gestelzt oder, schlimmer noch, arrogant und unnahbar. Große Redner verwenden hingegen häufig eine möglichst schlichte Sprache, die den Zuhörern unmittelbar ins Ohr dringt. Lesen Sie sich Ihre Präsentation laut vor und überlegen Sie, ob Sie solche Formulierungen in einer gewöhnlichen Unterhaltung verwenden würden. Wenn nicht, sollten Sie Ihren Text noch einmal überarbeiten.

Zeigen Sie Humor

Eine Prise Humor kann Wunder wirken, indem er die Stimmung des Vortrags hebt und die Aufmerksamkeit der Zuhörer stärkt. Verwechseln Sie humoristische Würze jedoch nicht mit plumpem Witzereißen.

Bleiben Sie beim Thema

Selbst professionelle Komiker erzählen Witze nicht aus dem Stand heraus. Sie absolvieren zuvor diverse Aufwärmübungen, indem sie sich und ihr Publikum in Stimmung plaudern, bis der Erzählbogen schließlich in einer krachenden Pointe mündet. Besonders nach Mahlzeiten sind die Lachmuskeln träge. Ihre Aufgabe als Vortragender ist es, die Aufmerksamkeit Ihrer Zuhörer auf Ihre Kernaussagen zu lenken. Mit einem Witz, der sich nicht unmittelbar auf Ihre Botschaft bezieht, laufen Sie Gefahr, Ihr Publikum abzulenken. Überlegen Sie stattdessen, wie Sie mit einer Prise Humor Ihre Aussagen plastischer gestalten können. Ein Cartoon auf der Projektionsleinwand oder ein treffendes Zitat von einem bekannten Humoristen

Humor kann funktionieren Und zwar dann, wenn er heiter daherkommt, nah am Inhalt bleibt und gut bekömmlich ist.

Fallstudie: Eine geborgte Pointe

Der PR-Manager Ray fand, dass sich sein trockener Humor, von dem er für gewöhnlich in seinen Präsentationen Gebrauch machte, mittlerweile etwas abgenutzt hatte. Er begann seine nächste Präsentation folglich mit einem an die Wand geworfenen Zitat des Humoristen H. L. Mencken: »Die angemessene Beziehung eines Journalisten zu einem Politiker ist die eines Hundes zu einem Laternenpfahl.« Der Satz rief eine Welle des Gelächters hervor.

- *Diese Form von Humor wirkte besser als Rays übliche trockene Witze, weil seine Botschaft von selbst ins Bewusstsein der Zuhörer drang.*
- *Nachdem der erste Damm gebrochen war, gelang Ray ein guter Start, und das Publikum ging begeistert mit.*

erweist sich in der Regel als viel zweckdienlicher und weit weniger riskant als ein Witz. Mit Anekdoten lassen sich, anders als mit Witzen, unter Umständen mehrere Fliegen zugleich erschlagen. Eine gute Anekdote stimmt nicht nur heiter, sondern beschreibt zugleich eine reale Lebenssituation. Die Aussage hat auch dann noch Bestand, wenn die Komik etwas flach ausfällt.

Vermeiden Sie verkrampften Humor

Ein humorloser Vortrag, der zur Sache kommt, ist allemal besser als einer, der um jeden Preis versucht, dem Publikum ein paar Lacher zu entreißen. Wenn Sie wissen, dass Sie nicht der geborene Komiker sind, sollten Sie erst recht vorsichtig sein. Greifen Sie in Situationen, in denen Humor wirklich wichtig ist, lieber auf den Witz anderer zurück: Ein Cartoon, ein lustiges Bild oder ein an die Wand projiziertes Zitat können die Stimmung aufheitern, ohne dass Sie sich als Entertainer beweisen müssen.

TIPP Vermeiden Sie geschmacklose Witze. Der eine oder andere Lacher, den Sie möglicherweise ernten, wiegt niemals die Indignation derer auf, die Ihrem Humor nicht folgen können.

Gliedern Sie Ihren Vortrag

Eine alte Scherzdefinition beschreibt einen Vortrag folgendermaßen: Zuerst erzählen Sie Ihren Zuhörern, was Sie erzählen wollen. Dann erzählen Sie es. Zuletzt erzählen Sie, was Sie erzählt haben. Auch wenn sich dieses Verfahren bewährt hat, sollten Sie dabei einige Punkte berücksichtigen.

Drücken Sie sich klar aus

Für eine gut strukturierte Präsentation reicht es nicht aus, wenn Sie einfach nur dreimal dasselbe wiederholen. Vielmehr benötigen Sie:

- einen Paukenschlag zu Beginn. Noch bevor Sie mit Ihrer Einleitung beginnen, müssen Sie mit einer Art Wow-Effekt sicherstellen, dass die Zuhörer Ihnen ihre volle Aufmerksamkeit schenken;
- eine Einleitung. Erzählen Sie Ihren Zuhörern nicht nur, wer Sie sind und worüber Sie sprechen werden, sondern auch, was das Publikum veranlassen könnte, Ihnen und Ihren Argumenten aufmerksam zuzuhören;
- Ihre zentralen Aussagen. Wenn Sie den Rat aus dem vorigen Kapitel beherzigt haben, sind diese Aussagen einprägsam und in ihrer Zahl auf eine Handvoll beschränkt. Illustrieren Sie jede Kernaussage mit einem realen Beispiel oder einer Anekdote;
- Ihre abschließenden Bemerkungen. Wenn sich Ihre Zuhörer weiter nichts merken, sollte zumindest die Abschlussbemerkung in ihren Köpfen nachklingen – und deshalb wiederholen viele Vortragende zum Schluss noch einmal ihre Kernaussagen. Versuchen Sie darüber hinaus, den Schluss Ihres Vortrags zu einem Glanzpunkt auszuschmücken, der sich ins Gedächtnis der Zuhörer einbrennt.

5 Minuten Lösung

Mit farbigen Markierungen (siehe Seite 37) können Sie die Qualität einer Präsentation überprüfen, die Sie fertig übernehmen.

- Setzen Sie beim Lesen farbige Markierungen.
- Wo das Farbmuster nicht dem Ideal entspricht, müssen Sie den Text in geeigneter Weise verändern.

Strukturieren Sie Ihre Präsentation

Skizzieren Sie den geplanten Verlauf Ihrer Präsentation und kennzeichnen Sie anschließend mit farbigen Markern die folgenden Elemente:

- den Eröffnungspaukenschlag
- die Einleitung
- die einzelnen Kernaussagen mitsamt den begleitenden Beispielen
- die Zusammenfassung
- das unvergessliche Feuerwerk zum Schluss

Betrachten Sie jetzt das entstandene Farbmuster. Kopieren Sie es, indem Sie für jedes Element, jede Kernaussage und jedes begleitende Beispiel einen Farbpunkt verzeichnen. Das Resultat ist Checkliste und Spickzettel in einem. Ein Blick darauf sollte genügen, um Ihnen die gesamte Präsentation ins Gedächtnis zu rufen, die Sie, wenn der Zeitpunkt gekommen ist, Punkt für Punkt abhaken können.

Ihre Notizen sind Ihr Skript Ihre Notizen können Sie an viel mehr erinnern als nur an die Worte – verwenden Sie die farbigen Hervorhebungen als Bühnenanweisungen.

Eröffnungszug

Wir alle kennen langweilige Präsentationen, und so sind die Erwartungen des Publikums zum Beginn in der Regel eher bescheiden. Das spielt Ihnen in die Hände, denn so können Sie Ihre Zuhörer leichter überraschen und begeistern.

Der richtige Einstieg

Der Eröffnungspaukenschlag kann dazu dienen,

- ein müdes und unaufmerksames Publikum wachzurütteln,
- den eigenen Vortrag vom vorausgegangenen abzuheben,
- den Rahmen für ein konkretes Thema oder Bild zu setzen,
- eine verbreitete Auffassung infrage zu stellen,
- für sich selbst eine Rolle zu definieren,
- eine These einzuführen.

Je nach Situation ist eine andere Art von Paukenschlag erforderlich. Mit einem Nadelstich in einen Luftballon gelingt es Ihnen

Fallstudie: Das Publikum aufwecken

Sonja, die Leiterin der IT-Abteilung eines Textileinzelhändlers, wusste, dass sie das Publikum wachrütteln musste, bevor sie in ihr Thema einsteigen konnte. Sie entschied sich für die Schockmethode. Sie warf ein riesiges weißes Nashorn auf die Projektionsleinwand, das genau in Richtung Publikum blickte, und sagte: »So sieht die Mehrheit von Ihnen die IT-Abteilung: dicke Haut, kurzsichtig und stets in Angriffsposition.« Anschließend zeigte sie, wie sich die IT-Investitionen des laufenden Jahres in Form von Kosteneinsparungen und beschleunigten Prozessen rentierten.

- *Sonjas Humor war von der lockeren Art: Das Dia bereitete den Witz vor, während sie selbst lediglich die Pointe zum Besten gab. Geschickt konfrontierte sie die Zuhörer mit deren eigenen Vorurteilen.*
- *Als erfahrene Rednerin wusste Sonja, dass der anschließende Vortrag überzeugend ausfallen musste, da sonst die Gefahr bestand, dass dieses anfängliche Bild dem Publikum als Einziges im Gedächtnis haften blieb. Sie demonstrierte ihren Zuhörern eindrücklich, wie eine gute Präsentation aussehen kann.*

mit Sicherheit, Ihr Publikum wachzurütteln und eine Zäsur zu setzen, aber solange Ihr Vortrag nicht von plötzlichen Geräuschen oder spitzen Nadeln handelt, muss eine solche Aktion etwas mutwillig erscheinen. Eine umwälzende Neuigkeit, eine überraschende Behauptung oder provokante Frage können dieselbe Wirkung haben und zugleich zu Ihrem Thema überleiten.

Nutzen Sie den Überraschungseffekt

Mit einer Schocktaktik können Sie Ihr Publikum blitzschnell wachrütteln. Auf einem Treffen von Managern aus dem Anzeigengeschäft begann ein Vortragender damit, dass er den Anwesenden erzählte, ihre Branche sei tot und sie alle würden binnen zehn Monaten arbeitslos. In der Präsentation ging es um die Bedrohung des klassischen Anzeigengeschäfts durch das Internet und darum, wie die Zeitungen dieser Gefahr begegnen oder gar von ihr profitieren könnten. Mit seiner Schocknachricht erreichte der Vortragende, dass alle Zuhörer augenblicklich gerade saßen und seinen Worten aufmerksam lauschten.

Beginnen Sie mit einem Paukenschlag, nicht mit einem Winseln.

Beginnen Sie mit einer Frage

Am besten wecken Sie die Aufmerksamkeit Ihres Publikums, indem Sie ihm zu Beginn eine Frage stellen. Wenn Sie dies tun und um Wortmeldungen bitten, erreichen Sie, dass die Zuhörer ihren Kopf einschalten. Indem Sie sie nach ihrer Beziehung zum Vortragsthema befragen, ermuntern Sie sie, sich auf das Thema zu konzentrieren und damit zu identifizieren – eine solche Aufmerksamkeit hält in der Regel länger an. Achten Sie jedoch darauf, dass die Antworten, die Sie provozieren, nicht Ihren gesamten Vortrag auf den Kopf stellen.

Der Anfang ist die halbe Arbeit. Bleibt noch die andere Hälfte. Beginne erneut und du bist fertig.

Decimus Magnus Ausonius

Beginnen Sie ganz von vorn

Eine Vorstellung mit Namen, Jobbezeichnung und Vortragsthema mag zwar den Mindestanforderungen genügen, ist aber in etwa so, als würden Sie sich auf einer Party mit der Nummer Ihres Personalausweises einführen.

Warum sollte Ihnen jemand zuhören?

Wenn Sie eine neue Bekanntschaft beeindrucken wollen, geben Sie etwas über sich preis, was Neugier oder sogar Bewunderung auslöst. Wenn Sie wollen, dass man Ihnen zuhört, müssen Sie einen guten Grund dafür liefern. Wer zu Beginn in den Raum wirft: »Ich stehe hier, weil ich es bin, dem das Wunder gelungen ist, die Firmenbilanzen ins Lot zu bringen/das Büro in Aserbaidschan wieder flottzumachen/eure Bonusse für das laufende Jahr zu sichern«, hat die Aufmerksamkeit des Publikums. Wer ansetzt: »Ich bin hier, um über Finanzen zu sprechen«, kann sich da nicht so sicher sein, denn kaum einer kann von sich behaupten, dass er Finanzen für ein spannendes Thema hält.

Sprechen Sie die Sprache des Publikums

Wenn Sie den Gegenstand Ihrer Präsentation vorstellen, sollten

Nehmen Sie Ihr Publikum mit

Verstehen Sie Ihre Präsentation als eine Reise. Sie wollen, dass die Zuhörer Ihnen bis zum Schluss folgen. Versehen Sie Ihre Reise mit dem erforderlichen Flair, damit keiner Ihrer Mitreisenden abspringt. Bereiten Sie Ihr Publikum auf die Reise vor:

- Erzählen Sie ihm, wohin es geht, was es dort zu sehen gibt und worin der Reisegenuss bestehen wird. Machen Sie Ihr Publikum neugierig.
- Proben Sie den zeitlichen Ablauf, damit Sie jederzeit auf die Wann-sind-wir-endlich-da-Frage reagieren können.

Sie dabei stets den Nutzen für den einzelnen Zuhörer im Auge behalten. Solange nur von neuen Zeitplänen oder Arbeitspraktiken die Rede ist, werden gelangweilte Blicke durch den Raum schweifen. Sobald Sie jedoch durchblicken lassen, dass jemandem, der Ihnen jetzt 30 Minuten lang aufmerksam zuhört, im nächsten Monat möglicherweise viele Stunden Frust und vergebliche Arbeit erspart bleiben, werden sich Ihnen die Gesichter gespannt zuwenden. Warten Sie nicht darauf, dass die Zuhörer selbst herausfinden, warum Ihr Thema sie interessieren sollte – erzählen Sie es ihnen gleich zu Beginn.

Machen Sie aus Ihrer Präsentation eine Reise Nehmen Sie Ihr Publikum mit und bieten Sie sich als informativer und unterhaltsamer Reiseführer an.

TIPP Überlegen Sie, wie Sie Ihrer Mutter Ihre Tätigkeit beschreiben würden, und verwenden Sie dieselbe einfache Sprache – verstecken Sie sich nicht hinter einer Jobbezeichnung.

Halten Sie das Tempo

Nach einem gelungenen Start sollten Sie Ihr Tempo beibehalten, wenn Sie zum Kern der Präsentation vorrücken. Bedenken Sie: Jede Geschichte hat einen Anfang, einen Mittelteil und ein Ende, und Ihre Präsentation sollte eine Geschichte erzählen.

Bringen Sie Ihre Botschaft rüber

Wenn Sie Geschäftsinformationen vermitteln wollen, sollten Sie zu Beginn erklären, wozu sie gut sind. Darauf folgen die Informationen selbst und schließlich die Lösung oder der Weg, den es einzuschlagen gilt. Nehmen Sie diese Gliederung in Anfang, Mittelteil und Ende für jede Ihrer Kernaussagen vor. Theoretische Informationen sind fürs Klassenzimmer, aber Präsentationen sind für die reale Welt, in der Beispiele eine viel größere Rolle spielen. Konkrete Details ermöglichen es Ihren Zuhörern, sich mit Ihrem Thema persönlich zu identifizieren.

Fallstudie: Personalisierung

Janek, der als Manager für ein Telekommunikationsunternehmen tätig ist, hielt einen Vortrag zum Thema Problemlösungsansätze. Er wusste, dass es schwierig sein würde, das Publikum für technische Probleme zu interessieren. Er beschloss, die Geschichte einer Panne zum Besten zu geben, die zu Verzögerungen, verärgerten Kunden und Umsatzeinbußen geführt hatte. Er beschrieb die technischen Gründe und erzählte, wie dank der Initiative eines Technikers das Problem behoben wurde. Die Lösung hatte mit einem Echorohr zu tun. Das ideale Rohr bestand aus einer leeren Toilettenpapierrolle, und der Entdecker dieser Lösung war Darren (hier nickte Janek zu Darren hinüber, der das freundliche Gelächter mit Erröten quittierte).

- *Indem Janek Namen und Details nannte, brachte er Spannung in die trockene technische Schilderung und präsentierte den Zuhörern ein Vorbild.*
- *Dass etwas so Simples wie eine leere Toilettenpapierrolle ein komplexes technisches Problem lösen konnte, amüsierte das Publikum, was wiederum dazu führte, dass es sich die Botschaft einprägte.*

Nützliche TECHNIKEN

Wenn Sie Ihre Präsentation proben, sollten Sie jede Aussage und jedes Argument sorgfältig überprüfen.

Achten Sie darauf, dass jede Aussage einen inhaltlichen Kern hat. Fragen Sie sich, wenn Sie Ihre Präsentation üben, immer, worin dieser liegt.

1 Gehen Sie die gesamte Präsentation durch und fragen Sie sich bei jeder Aussage: »Zum Beispiel?«

2 Können Sie für jede Behauptung ein anschauliches und eindrückliches Beispiel nennen?

3 Wird der Realitätsbezug deutlich?

Wenn Sie eine Frage verneinen müssen, sollten Sie eventuell ganz auf die betreffende Aussage verzichten.

Beziehen Sie andere mit ein

Ihre Kollegen, Familienangehörigen und Freunde stellen möglicherweise eine reiche Quelle für Beispiele dar. In diesem Fall können Sie sie in Ihre Präsentation einbeziehen (das verleiht Ihnen in den Augen Ihres Publikums ein menschlicheres Antlitz). Noch besser ist es natürlich, wenn Sie in Ihren Beispielen den einen oder anderen der anwesenden Zuhörer auftreten lassen können. Scheuen Sie sich außerdem nicht, aus dem reichen Fundus der Klatschgeschichten zu schöpfen, ist doch jedes Publikum fast immer bestens informiert über das Leben der Reichen und Berühmten. So haben Sie und Ihr Publikum eine gemeinsame Grundlage.

TIPP **Fassen Sie sich bei der Schilderung realer Beispiele kurz, um zu vermeiden, dass diese Ihnen und Ihrer Botschaft am Ende die Show stehlen.**

Enden Sie mit einem Feuerwerk

Die Regel von der dreifachen Wiederholung dessen, was Sie sagen wollen, verlangt, dass Sie zum Schluss das Gesagte noch einmal zusammenfassen. Am besten eignet sich dafür eine kurze Liste mit den wesentlichen Kernaussagen.

Der Erinnerungsfaktor

Ein solcher Abschluss ist sicherlich besser als keiner, zumal die letzten Minuten einer Präsentation den Zuhörern häufig am eindrücklichsten in Erinnerung bleiben. Verfassen Sie Ihre abschließenden Bemerkungen nach der Devise: »Wenn Sie auch sonst nichts aus der Veranstaltung mitnehmen, dann wenigstens dies.« Es gibt jedoch einen Haken. Wiederholung führt zur Abnutzung, und wenn Sie lediglich Ihre Einführung und Ihre Kernaussagen ein weiteres Mal zum Besten geben, erreichen Sie unter Umständen das Gegenteil des Beabsichtigten. Ein perfekter Abschluss kombiniert die Zusammenfassung mit einem Feuerwerk, der sie im Gedächtnis verankert und zugleich eine Zäsur vor der nächsten Präsentation setzt.

Schließen Sie den Kreis

Das abschließende Feuerwerk unterscheidet sich vom einleitenden Paukenschlag. Mittlerweile ist Ihr Publikum hoffentlich aufgewacht und Ihre Botschaft angekommen. Wenn Sie jedoch ein Problem oder eine verbreitete Einstellung zum Ausgangspunkt Ihrer Präsentation gewählt haben, empfiehlt es sich, dass

Gelungener Abschluss

POSITIVE WIRKUNG

- Fassen Sie Ihre Argumente klar und bündig zusammen
- Nutzen Sie ein Zitat oder eine noch nicht geäußerte Idee, um Ihrer Aussage Nachdruck zu verleihen
- Danken Sie dem Publikum
- Überraschen Sie es mit einer letzten Pointe

NEGATIVE WIRKUNG

- Ein völlig neues Argument am Ende der Präsentation einführen
- Erklärtermaßen etwas nachholen, was Sie zuvor übersehen haben
- Sich für die Schwächen entschuldigen
- Den Vortrag allzu langatmig oder abrupt beenden

Wie Sie Ihren Vortrag abschließen

Der Abschluss ist das große Finale der Präsentation und trägt entsprechend viel Gewicht. Gestalten Sie ihn sorgfältig – er muss kurz, einprägsam und schlagkräftig sein. Ein gelungener Abschluss:

- schließt den Argumentationsbogen – sagen Sie notfalls »Abschließend ...«, um das Publikum explizit darauf vorzubereiten,
- wiederholt die Kernaussagen – aber fügt nichts Neues hinzu,
- eröffnet die Möglichkeit für Fragen – sofern Sie auf eine Diskussion Wert legen,
- gibt den Zuhörern einen prägnanten und pointierten Gedanken mit auf den Weg,
- enthält konkrete Handlungsvorschläge.

Fassen Sie sich kurz – mit der Ankündigung, dass nun die Zusammenfassung folgt, erhöhen Sie noch einmal die Aufmerksamkeit des Publikums, jedoch nur für eine kurze Zeit.

Sie jetzt noch einmal darauf zurückkommen, um Ihren Vortrag abzurunden. Wenn Sie Ihre Sache gut gemacht haben, sieht das Publikum die Dinge nun in einem anderen Licht. Indem Sie den Paukenschlag vom Beginn des Vortrags noch einmal aufgreifen, veranlassen Sie Ihre Zuhörer, sich dieser Veränderung selbst bewusst zu werden. Diese Methode wirkt besonders dann, wenn es um die Veränderung und Überwindung vertrauter Wahrnehmungsmuster geht.

TIPP Schließen Sie mit einer Handlungsaufforderung. Sagen Sie Ihren Zuhörern genau, was Sie von ihnen erwarten.

Zusammenfassung: Gute Gliederung

Wenn Sie wollen, dass Ihre Botschaft beim Publikum ankommt, müssen Sie Ihre Präsentation gut strukturieren. Stellen Sie sie sich als eine Geschichte mit Anfang, Mittelteil und Ende vor. Wenn Sie den Schritten dieser Zusammenfassung folgen, werden Sie die Aufmerksamkeit Ihrer Zuhörer fesseln und in ihrem Gedächtnis einen bleibenden Eindruck hinterlassen.

Vier Phasen

1 Eindrucksvoll beginnen

- Beginnen Sie mit einem Paukenschlag, um Ihr Publikum wachzurütteln
- Verwenden Sie dazu eine geeignete Behauptung, Provokation oder Frage, aber achten Sie auf den Themenbezug
- Leiten Sie vom ersten Paukenschlag elegant zur Einleitung über
- Greifen Sie das Eröffnungsargument zum Schluss der Präsentation noch einmal auf

2 Die Botschaft einführen

- Stellen Sie sich selbst und Ihre Tätigkeit vor – gehen Sie nicht davon aus, dass jeder Sie kennt
- Geben Sie genug von sich preis, damit das Publikum einen Grund hat, Ihnen zuzuhören
- Erzählen Sie dem Publikum, wovon Ihr Vortrag handeln wird
- Sprechen Sie die Sprache des Publikums und erklären Sie ihm, was es davon hat, wenn es Ihnen zuhört

3 Formulieren Sie Ihre Kernaussagen

Ordnen Sie Ihr zentrales Material maximal vier oder fünf Kernaussagen zu, denen Ihre Zuhörer gut folgen können

Formulieren Sie knapp, pointiert und ungekünstelt und vermeiden Sie Klischees

Gliedern Sie jede Aussage in Anfang, Mittelteil und Schluss

Verdeutlichen Sie jede Aussage anhand eines realen Beispiels oder einer Anekdote – spritziger Humor wirkt, geschmacklose Witze nicht

4 Zusammenfassung und Schluss

Lassen Sie Ihr Publikum wissen, dass Sie am Ende Ihrer Präsentation angekommen sind

Wiederholen Sie noch einmal Ihre Kernaussagen – fassen Sie sich kurz und führen Sie nichts Neues ein

Fordern Sie zu Fragen auf (wenn gewünscht) und kommen Sie anschließend zügig zum Abschluss

Enden Sie in einem Ton der Zuversicht und geben Sie Ihren Zuhörern einen starken Eindruck und eine Handlungsaufforderung mit auf den Weg

Schauen Sie auf die Uhr

Wie viel Zeit benötigen Sie für Ihre Präsentation? Und wie wirkt sich diese Dauer auf Ihr Publikum aus? Diese Fragen müssen Sie unbedingt im Vorfeld beantworten können.

Probelauf

Am besten machen Sie sich ein Bild von der Dauer Ihrer Präsentation, indem Sie einen Probelauf mit Stoppuhr durchführen. Auf diese Weise erhalten Sie einen groben Anhaltspunkt, erfassen jedoch noch nicht die Faktoren, die der Aufregung des großen Augenblicks geschuldet sind. Wenn es darauf ankommt, sind Sie möglicherweise nervöser als gedacht. Besteht ein Großteil Ihrer Präsentation aus Text, lesen Sie ihn vielleicht rascher herunter und sind schneller damit durch als geplant Sie können versuchen, durch viel Training oder durch nonverbale Hilfsmittel, mit denen Sie den Vortrag strukturieren, Ihre Aufregung zu verringern. In umgekehrter Richtung müssen Sie Effektpausen und Unterbrechungen durch Lacher berücksichtigen, und Sie sollten Ihrem Publikum genug Zeit lassen, um Ihre kunstvollen Folien zu bewundern. Wenn die Publikumsbeteiligung groß ist, müssen Sie entweder Geschick in der Menschenführung beweisen oder Ihren Plan flexibler gestalten.

Bei Argumenten kommt es stets auf den richtigen Zeitpunkt an.

5 Minuten Lösung

Wenn Sie keine Zeit für Probeläufe hatten, sollten Sie dennoch während des Vortrags die Uhr im Auge behalten.

- Markieren Sie in Ihrem Vortrag vier gleich lange Zeitabschnitte. Schauen Sie nach jeder Markierung kurz auf die Uhr.
- Auf diese Weise wissen Sie, wo Sie stehen, ohne dass Sie ständig auf die Uhr zu schauen brauchen.

Lebensentscheidendes Timing

Ein gutes Beispiel, wie wichtig Timing sein kann, stammt von der Professional Association of Dive Instructors (PADI), die weltweit 70 Prozent aller Tauchlehrer vertritt.

Einem Taucher bleibt nur wenig Zeit zum Reagieren, wenn etwas schiefgeht – häufig hängt sein Überleben davon ab, dass er sich mit der Situation bereits vorher vertraut gemacht hat. Die PADI-Lehrer sind angehalten, Situationen in aller Kürze vorzustellen. Für die Vorstellung, Erklärung und Rekapitulation eines möglichen Problems stehen ihnen maximal acht bis zehn Minuten zur Verfügung. Mangelnde Aufmerksamkeit der Tauchschüler während dieser Zeit kann tödliche Folgen haben. Das Prinzip lässt sich auf viele Felder übertragen:

- Verweilen Sie nicht länger als zehn Minuten bei jeder Kernaussage Ihrer Präsentation und stellen Sie maximal vier Kernaussagen vor.
- Wenn Sie nach 40 Minuten nicht fertig sind, dann deshalb, weil Sie die wesentlichen Punkte noch einmal zusammenfassen oder Fragen beantworten.

Stoppen Sie Ihre Zeit Überprüfen Sie im Voraus, wie viel Zeit Sie für Ihre Aussagen benötigen – wichtig ist, dass Sie die Aufmerksamkeit des Publikums wachhalten.

Übung macht den Meister

Auch wenn eine gewisse Sportlichkeit darin liegt, einen Vortrag während der Anreise auf die Schnelle zusammenzustellen, sollte jeder, der kein Liebhaber extremer Gefahrensituationen ist, lieber das gegenteilige Rezept befolgen: üben, üben, üben.

Sprech- und Kostümproben

Problemlose Präsentationen lassen sich nur durch intensives Proben erreichen. Sie benötigen mindestens einen Trockendurchlauf mit allen Hilfsmitteln, die Sie einzusetzen gedenken. Im Idealfall proben Sie so lange, bis Sie Ihren Vortrag buchstäblich mit geschlossenen Augen halten können. Eine abgespeckte Version ohne Dias und Folien ist der sicherste Weg, um sich mit dem Inhalt vertraut zu machen und für den Ernstfall zu wappnen, wenn technisch etwas schieflaufen sollte. Besser noch als eine Soloprobe ist eine Generalprobe vor einem Testpublikum. So können Sie sich daran gewöh-

Beobachten Sie sich selbst Schon der kürzeste Videoclip enthält bereits unzählige Hinweise zu Ihrer Wirkung vor Publikum – schauen Sie genau hin.

Nützliche TECHNIKEN

Machen Sie sich ein korrektes Bild von Ihrer Wirkung auf ein Publikum, indem Sie sich auf Video aufnehmen. So können Sie irritierende Ticks ausbügeln und Ihre Darbietung glätten.

Wenn Sie Ihre Präsentation in Abschnitte unterteilen, genügt bereits eine handelsübliche Digitalkamera oder ein modernes Handy, damit Sie sich sehen und hören können. Bitten Sie einen Freund, Sie aufzunehmen, damit Sie sich aus der Perspektive des Publikums sehen können. Achten Sie auf folgende Details:

- Hören Sie sorgfältig auf Ihre Worte – kleben Sie am Text? Sagen Sie häufig »hm« und »äh«?
- Schauen Sie auf Ihre Körpersprache. Entdecken Sie überflüssige oder verräterische nervöse Gesten?
- Weist Ihre Darbietung den gewünschten Grad an Humor/Glaubwürdigkeit/Seriosität auf? Was könnten Sie verbessern?

nen, dass aller Augen auf Sie gerichtet sind und Ihr Vortrag möglicherweise durch Zwischenfragen unterbrochen wird.

Finden Sie ein geeignetes Testpublikum

Verlassen Sie sich nicht ausschließlich auf das Echo von Freunden – das »echte« Publikum ist möglicherweise sehr viel kritischer eingestellt. Das beste Testpublikum bilden diejenigen, die selbst Übung im Vortragen haben und denen kein Schnitzer in Ihrer Darbietung entgeht. Verständigen Sie sich mit anderen Vortragenden darauf, sich wechselseitig »abzuhören«, und sei es auch nur in Form von Kurzfassungen. Das wird sich im Ernstfall dann vielleicht auszahlen.

In der Theorie besteht zwischen Theorie und Praxis kein Unterschied. In der Praxis hingegen sehr wohl.

Yogi Berra

3

Der Vortragende

Der große Augenblick steht kurz bevor: Die Begrüßungsworte sind verklungen, die Scheinwerfer sind eingeschaltet, und nach vielen Proben wollen Sie nun das Podium betreten und Ihre Präsentation vorführen. Wenn Sie genügend Mühe in die Vorbereitung und Planung investiert haben, werden Sie jetzt weniger Angst als vielmehr ein Gefühl der Aufregung und Ungeduld verspüren. Dieses Kapitel zeigt Ihnen, wie Sie:

- sich angemessen kleiden,
- sich auch mit Publikum wohlfühlen,
- Ihre Nerven behalten,
- sich gegen vorhersehbare Probleme wappnen,
- Raum und Bewegung professionell nutzen,
- ein Mikrofon verwenden.

Kleiden Sie sich selbstbewusst

Die Sicherheit, korrekt gekleidet zu sein, bildet die beste Grundlage für eine gelungene Präsentation, und mit etwas Umsicht können Sie dieses Ziel jederzeit erreichen.

Kleiden Sie sich bequem

Athleten kennen die Regel, dass sie zu Wettkämpfen keine neue Kleidung tragen. Die Hitze des Gefechts ist nicht der geeignete Augenblick, um zu testen, ob die neuen Sachen scheuern oder die Bewegung einschränken. Für Präsentationen gilt dies erst recht. Was Sie am wenigsten brauchen, sind Dinge, die Ihre Aufmerksamkeit auf Sie selbst lenken. Auch mit Schweißflecken unter den Armen prahlt niemand gern. Tragen Sie bequeme Kleidung. Frauen wissen seit Langem, dass einige ausgesuchte Accessoires den Gesamteindruck entscheidend verbessern können, während in den Augen der meisten Männer Anzug und Krawatte genügen. Denken Sie darüber nach, wie Sie Ihre beste Podiumskleidung so variieren, dass Sie damit den nächsten Casual Friday bestehen. Indem Sie Jackett und Krawatte ablegen und lediglich in Hemd und Weste auftreten, senden Sie mitunter ein willkommenes Signal lässiger Wohlgekleidetheit in den Raum.

Nützliche TECHNIKEN

Befassen Sie sich eingehend mit Ihrer Rolle in der Präsentation und der entsprechenden Kleidung.

Tragen Sie Ihre Präsentation firmenintern vor oder sind Sie ein Experte von außerhalb?

1. Schauen Sie in einen Spiegel. Stellen Sie sich vor, über Ihnen prangte ein Schild mit Ihrer Rollenbezeichnung.
2. Sind Sie übertrieben formell gekleidet? Sind Sie zu lässig gekleidet?
3. Müssen Sie an Ihrem Image feilen? Wie würde die Kostümabteilung Sie kleiden, wenn Sie in einem Film mitspielten?
4. Wenn Sie Änderungsbedarf sehen, passen Sie Ihre Kleidung Ihrer Rolle an.

Vermitteln Sie die richtige Botschaft

Denken Sie bei der Entscheidung für ein Outfit an Ihr Publikum. Es gibt diverse Möglichkeiten, wie Sie trotz bester Absicht mit Ihrer Kleidung eine unpassende Botschaft vermitteln.

Ihr Publikum sieht Sie, bevor Sie den Mund aufmachen. Wenn Sie etwas besonders Auffälliges tragen, dessen Sinn dem Publikum nicht unmittelbar einleuchtet, besteht die Gefahr, dass das Publikum darüber nachdenkt, statt Ihnen zuzuhören, oder dass es falsche Schlussfolgerungen zieht. Hier einige Beispiele:

- Ein Techniker, der einige neue Entwicklungen in seinem Bereich präsentieren will, betritt das Podium als Star-Trek-Figur gekleidet. Das beweist Mut und Sinn für Humor und kommt bei den Star-Trek-Fans unter den Zuhörern gut an. Auf die Übrigen aber, die erst noch von der neuen Technologie überzeugt werden müssen, wirkt diese Aufmachung befremdlich.
- Ein Finanzberater, der vor Mitarbeitern eines Skatewear-Herstellers sprach, erschien in der Kleidung eines Vorstandsmitglieds. In einer konventionellen Umgebung hätte das gepasst, nicht aber vor diesen jungen, flippigen Leuten, denen er damit die Botschaft vermittelte, dass Finanzplanung nichts für Leute wie sie sei.
- Eine Frau, die auf einer vorwiegend von Männern besuchten Konferenz sprach, präsentierte sich mit offenem Haar und kurzem Rock. Sie sicherte sich damit die Aufmerksamkeit des Publikums, wenngleich das, was sie zu sagen hatte, daneben verblasste.

Kleiden Sie sich wirkungsvoll

POSITIVE WIRKUNG

- Präsentieren Sie sich dem Publikum elegant, aber schlicht
- Heben Sie sich mittels Farben und Accessoires von der Masse ab
- Wählen Sie ein Outfit, das zu Ihrem Rollenbild passt und Ihre Botschaft verstärkt

NEGATIVE WIRKUNG

- Kleidung, die zwar gut aussieht, aber unbequem ist
- Allzu auffällige, aufreizende oder exzentrische Kleidung
- Kleidung, die auf das Publikum befremdlich wirkt und Ihre Botschaft untergräbt

Präsentieren Sie sich mit Bedacht

Ihr Outfit erzeugt zusammen mit Ihrer Körpersprache den entscheidenden ersten Eindruck, mit dem Sie sich beim Publikum vorstellen. Auch bei einer vergleichsweise informellen Präsentation sollten Sie Ihre Kleidung sorgfältig auswählen: Alles andere kommt einer Missachtung des Publikums – und Ihrer selbst – gleich.

Gepflegtes Auftreten Das äußere Erscheinungsbild bildet einen wichtigen Teil der Selbstdarstellung. Achten Sie darauf, dass Sie ordentlich frisiert und gekleidet sind.

Schätzen Sie Ihr Publikum ein Möglicherweise benötigen Sie kein Jackett – oder sie können es ablegen; Hemd und Krawatte sind jedoch in den allermeisten Fällen unabdingbar.

Denken Sie an die Details Wenn Sie kein Jackett anziehen, sollten Sie einen Gürtel tragen. Manschettenknöpfe bei Männern machen sich ebenso gut wie ein Halstuch bei Frauen.

Videopräsentationen

Umfangreiche Präsentationen werden häufig gefilmt und auf eine große Leinwand projiziert. In diesem Fall müssen Sie die Kleiderrichtlinien berücksichtigen, wie sie im Fernsehen gelten. Große weiße Flächen oder kontrastreiche Muster blenden oder lenken ab. Wenn Sie sich unsicher sind, ob Ihre Kleidung diesen technischen Kriterien genügt, sollten Sie am Tag vor der Präsentation mit dem Videotechniker Rücksprache halten. Bedenken Sie, dass die stark vergrößerte Wiedergabe auf der Leinwand Ihr Outfit ebenso betrifft wie alle übrigen Aspekte Ihrer Präsentation. Jeder Politiker weiß, dass selbst eine kleine Geste wie das Heraufkrempeln der Ärmel ein starkes Signal aussenden kann: Seht, ich bin einer von euch!

Überprüfen Sie Ihr Outfit

Stellen Sie sich die folgenden Fragen, wenn Sie Ihr Outfit zusammenstellen. Wenn Sie alle Fragen positiv beantworten können, sind Sie bestens vorbereitet:

- Werde ich mich in dieser Kleidung wohlfühlen?
- Wenn es kälter oder wärmer ist als erwartet, kann ich mich dann kurzfristig darauf einstellen? Werde ich auch dann noch professionell wirken?
- Habe ich Ersatzkleidung (und feuchte Tücher) dabei, falls ich mir kurz vorher noch das Jackett ruiniere?
- Wenn die Situation formeller oder informeller ist als erwartet, kann ich meine Kleidung problemlos anpassen?

TIPP Experimentieren Sie mit einem Outfitwechsel während der Präsentation. Mit dem Ablegen Ihres Jacketts können Sie den Übergang zur Fragerunde signalisieren.

Behalten Sie die Nerven

Lampenfieber lässt sich bei Präsentationen gar nicht vermeiden. Wie viele Vortragskünstler wissen, ist etwas Adrenalin sogar sehr wünschenswert. Diverse Techniken helfen Ihnen jedoch, die Aufregung in Grenzen zu halten.

Finden Sie heraus, was die Aufregung verursacht

Der erste Schritt, wie Sie die Kontrolle über Ihre Nerven behalten, besteht darin, dass Sie herausfinden, was es eigentlich ist, das Ihnen Angst macht. Ist es lediglich ein Schmetterlingskribbeln im Bauch? Das ist normal und vermutlich ein gutes Zeichen (zu viel Sicherheit ist mindestens so gefährlich wie zu viel Aufregung). Wenn Sie jedoch beim Gedanken an den bevorstehenden Auftritt Schweißausbrüche bekommen oder sich dabei ertappen, wie Sie ständig nach Vorwänden suchen, um die Veranstaltung abzusagen, dann ist es Zeit, dass Sie sich Ihren Ängsten stellen.

Analysieren Sie Ihre Ängste

Fragen Sie sich, wie Sie Ihre Angst gegenüber einem Freund beschreiben würden.

- »Ich traue mich nicht, vor all diesen Leuten zu sprechen. Die halten mich sicher für einen Idioten.«
  Sicherlich nicht. Aber wenn Sie sich Ihrer selbst unsicher sind, können Sie versuchen, die Scheinwerfer auf die Gegenstände zu lenken, die Sie vortragen wollen, oder direkt auf die Zuhörer. Wären Sie genauso nervös, wenn es sich um eine Diskussion am runden Tisch handelte? Nein? Dann ändern Sie den Stil der Veranstaltung und machen Sie sich zum Gastgeber einer Diskussionsrunde.
- »Meine Präsentation wird nicht gut genug sein.«
  Kehren Sie zum vorigen Kapitel zurück, in dem es um die Inhalte geht, und vergewissern Sie sich, dass Sie alle Punkte beachtet haben. Dann brauchen Sie sich diesbezüglich nicht weiter zu sorgen.

Das chinesische Wort für »Krise« besteht aus zwei Zeichen. Das eine steht für die Gefahr, das andere für die Chance.

John F. Kennedy

Bleiben Sie vor Ihrem Auftritt zuversichtlich

Wenn Sie im Vortragen unerfahren sind, werden Sie die größte Nervosität vermutlich in den letzten Minuten vor Ihrem Auftritt verspüren.

Das ist der Augenblick, in dem ein erfahrener Redner sein Programm für die letzten Minuten absolviert. Tun Sie es ihm gleich. Befolgen Sie diese Tipps, damit Sie das Podium ruhig und gelassen betreten können.

Die letzten Minuten sind der beste Moment, um vorauszudenken.

- Diskutieren Sie mit niemandem über Ihre Präsentation. Insbesondere beim Begrüßungsempfang vor der Veranstaltung wird Sie so mancher fragen, worüber Sie gleich sprechen werden.
- Lassen Sie sich auf keine Unterhaltung darüber ein. Wenn sich Ihre Gesprächspartner unbeeindruckt zeigen würden, wäre das mindestens so verunsichernd oder irritierend, wie wenn sie beginnen würden, ihre eigenen Ideen vorzutragen. Womöglich gerieten Sie sogar in Versuchung, Ihre fertig vorbereitete Präsentation umzuschreiben.
- Machen Sie ein freundliches Gesicht und sagen Sie, dass sich alles bald zeigen wird.

Vorbereitung in letzter Minute

POSITIVE WIRKUNG

- Halten Sie ein Glas Wasser bereit, damit Ihre Kehle nicht austrocknet
- Sprechen Sie mit Leuten, die freundlichen aussehen – am besten mit Bekannten –, um sich zu beruhigen
- Sehen Sie noch einmal nach, ob Sie ein Taschentuch dabeihaben, alle Hilfsmittel bereit liegen und Ihre Notizen griffbereit sind

NEGATIVE WIRKUNG

- Zu viel Kaffeegenuss: Eine kleine Tasse hilft; alles darüber hinaus erhöht eher die Nervosität
- Eine Konversation mit einem Unbekannten; dies ist nicht die Zeit, um Bekanntschaften zu schließen
- Beruhigungsmittel, alkoholische Getränke oder ähnliche Mittel

Achten Sie auf Klarheit

Wenn Sie zum ersten Mal einen Vortrag halten, sagen Sie sich vermutlich: »Warum ausgerechnet ich?« Dahinter steckt die Angst, dass andere – möglicherweise sogar im Publikum Anwesende – mehr über das Thema wissen als Sie selbst. Die Antwort lautet: Sie schreiben kein Buch, sondern halten einen Vortrag. Solange Sie kein weltweit einmaliger Spezialist sind, der eine neue wissenschaftliche Arbeit vorstellt, wird es immer jemanden geben, der mehr weiß als Sie, aber darum geht es gar nicht. Fernsehreporter wissen selten mehr über ihr Thema, als der Teleprompter ihnen souffliert, aber das stört sie nicht, weil ihre Aufgabe darin besteht, das Wissen anderer Menschen kundzutun. Denken Sie daran: Ihre Stärke liegt nicht im Umfang Ihres Wissens, sondern in der Klarheit der Präsentation.

Verbergen Sie Ihre Nervosität

Mit einem ruhigen Vortragsstil nehmen Sie Ihr Publikum so weit mit, bis Sie das Gefühl haben, dass das Gröbste hinter Ihnen liegt und Sie sich entspannen können.

Bekämpfen Sie Ihre Angst

Wenn Sie in den letzten Minuten vor Ihrem Auftritt das große Flattern bekommen, hilft es Ihnen vielleicht zu wissen, dass sogar die größten Schauspieler der Welt Lampenfieber haben – und dies häufig als hilfreich empfinden. Begegnen Sie diesen Kobolden mit Festigkeit und lassen Sie sich nicht verunsichern.

- »Ich fürchte mich vor einem Blackout.« Tricksen Sie. Legen Sie sich einen Spickzettel zurecht. Bitten Sie Freunde, Ihnen im Notfall mit geschickten Fragen aus der Patsche zu helfen (wenn Sie gut vorbereitet sind, wird es nicht dazu kommen).
- »Ich habe immer furchtbares Lampenfieber.« Üben Sie Ihre Präsentation so lange, bis Sie sie im Schlaf hersagen können.
- »Ich mache einen Fehler.« Ja, und? Das ist menschlich; Menschen machen Fehler. Wichtig ist, wie Sie sich wieder fangen. Ein Schnitzer macht Sie den Zuhörern sympathisch – viele von ihnen haben selbst Probleme, wenn sie eine Präsentation vortragen sollen, und können mit Ihnen sehr gut mitfühlen.
- »Und wenn ich beim Publikum nicht gut ankomme?« Ist das wichtig? Auf die Botschaft kommt es an, nicht auf ihren Überbringer, und wenn Sie ihr ausreichend Gewicht verleihen, wird sich das Publikum auf die Botschaft und nicht auf Sie konzentrieren. Wenn Sie fürchten, nicht genug Persönlichkeit auf die Waage zu bringen, kompensieren Sie dies mit einem entsprechend schwergewichtigen Inhalt.

Ich glaube fest an das Glück, und ich stelle fest, dass ich desto mehr davon habe, je mehr ich mich anstrenge.

Thomas Jefferson

5 Minuten Lösung

Verbringen Sie die letzten Minuten vor Ihrem Auftritt im beruhigenden Gespräch mit einem Bekannten.

- Finden Sie einen Kollegen, der die Situation kennt, und plaudern Sie mit ihm.
- Vielleicht können Sie ihm anvertrauen, dass Sie unter Lampenfieber leiden.
- Auch eine beiläufige Plauderei hilft bereits; noch besser jedoch sind ein paar Worte der Aufmunterung.

Improvisieren Sie nach Plan

Die besten Improvisationen sind diejenigen, die keine sind. Bereiten Sie ein paar Allzweckbemerkungen oder Scherze vor, auf die Sie zurückgreifen können, falls etwas schiefgeht. Das Wissen darum, dass ein Rettungsring bereitliegt, wird Sie sicherer machen.

Lernen Sie von den Experten

Solange Sie gelassen bleiben, können Sie aus Fehlern eine Tugend machen, indem Sie sich dem Publikum von Ihrer menschlichen Seite präsentieren. Bill Gates sprach als Chef von Microsoft vor Hunderten von Softwareentwicklern in San Diego, als er unmittelbar vor dem Mikrofon stehend von einer Niesattacke überfallen wurde. Als er sie überstanden hatte (halten Sie stets ein Taschentuch bereit), rief ein Witzbold aus dem Publikum: »Gesundheit!« Augenzwinkernd entgegnete Gates: »Wow, das nenne ich user interaction.« Der Spaßfaktor war vielleicht nicht besonders groß, aber immerhin rettete es die Situation, und Gates gewann Zeit, um seinen Faden wiederzufinden.

Bereiten Sie einen Notanker vor

Unterbrechungen können Ihnen nichts anhaben, solange Sie ruhig bleiben. Ein Technologieexperte wusste plötzlich nicht

Think SMART

Überlegen Sie im Voraus, was während Ihrer Präsentation schiefgehen könnte, und arbeiten Sie einen Notfallplan aus.

Legen Sie sich einen guten Spruch zurecht – eine ironische Bemerkung oder einen Witz, mit dem Sie zeigen, dass Sie noch Herr der Situation sind. Sorgen Sie dafür, dass jemand da ist, der Ihnen hilft, die technischen Probleme zu beheben und beispielsweise den Computer neu zu starten, während Sie sich weiter mit dem Publikum unterhalten. Wenn sich eine Problemlösung in die Länge zieht, ist es unter Umständen besser, das Publikum in eine kleine Pause zu schicken, damit Sie sich ganz der Lösung des Problems widmen können.

weiter und starrte einige Sekunden lang stumm ins Publikum. Er hatte die Geistesgegenwärtigkeit, einen Freund in den hinteren Reihen zu fragen, was als Nächstes kommen sollte. Sein Freund, dem er wohlweislich einen Ausdruck der Präsentation in die Hand gedrückt hatte, nannte ihm den nächsten Satz. »Sie sehen«, strahlte der Vortragende, bevor er fortfuhr, »wie wichtig Teamarbeit ist.« Teamarbeit war eines der Themen des Tages, und diese spezielle Begebenheit stand so bereits im Skript. Aber mit einer ähnlichen Entschuldigung können auch Sie sicherstellen, dass Sie in den Reihen einen Retter in der Not sitzen haben. Je gelassener Sie den einen oder anderen Schluckauf überstehen, desto besser kommen Sie bei Ihrem Publikum an. Eine andere Vortragende hatte bereits minutenlang über ein Dia gesprochen, bis ihr auffiel, dass sie es kopfüber an die Wand projiziert hatte. Sie bewahrte eine bewundernswerte Ruhe: »Es tut mir so leid«, meinte sie, als sie den Fehler korrigierte, »aber mein letzter Vortrag war in Australien.«

5 Minuten Lösung

Bereiten Sie Notfallpläne vor, wie Sie ein Mikrofon oder einen Computer rasch in Ordnung bringen oder ersetzen, während Sie Ihr Publikum bei Laune halten.

- Sorgen Sie für die Anwesenheit eines Technikers – basteln Sie nicht selbst.
- Machen Sie durch einen Scherz klar, dass Sie die Situation im Griff haben.

Auf unerwartete Geräusche reagieren

Vorbeieilende Martinshörner lassen sich mit einem Einzeiler quittieren, um die Aufmerksamkeit wieder auf das Thema zurückzulenken: »Und ich dachte, die holen mich erst nach meinem Vortrag.« Wenn im Publikum ein Handy klingelt, rücken Sie sich mit »Sagen Sie, dass ich beschäftigt bin« wieder in den Mittelpunkt des Geschehens.

TIPP **Bitten Sie zu Beginn der Veranstaltungen die Anwesenden, Ihre Mobiltelefone auszuschalten, um spätere Unterbrechungen zu vermeiden.**

Trainieren Sie Ihre Rolle

Schauspieler bleiben nicht wie angewurzelt stehen, wenn sie ihren Text sprechen, sondern sie gestikulieren und bewegen sich. Wenn aus Ihrer Präsentation eine Darbietung werden soll, müssen Sie es ihnen gleichtun.

Wägen Sie die Vorteile eines Podiums ab

Eine bewährte Erfahrungsregel lautet, dass Rednerpulte unvorteilhaft sind, weil sie den Vortragenden vor seinem Publikum verbergen. Schlimmer noch, sie geben ihm den Anschein eines Kanzelpredigers oder eines Richters, der sein Urteil verkündet. Während dies insbesondere für informelle Präsentationen gilt, gibt es freilich auch Situationen, in denen diese Assoziationen sogar wünschenswert sind. Überlegen Sie also, ob die Würde eines Pultes Ihrem Vortrag zugutekommt. Manch geübter Redner versteht es, beide Rollen miteinander zu kombinieren, indem er einen Teil seiner Präsentation vom Pult und einen anderen vom Bühnenrand aus vorträgt.

Simulieren Sie die gesamte Veranstaltung

Denken Sie voraus und berücksichtigen Sie dabei die folgenden Punkte, damit Sie, wenn Sie die Bühne betreten, genau wissen, wo Sie stehen und wie Sie sich bewegen wollen:

- Ist ein Pult vorhanden?
- Wie groß ist es? Wie sehen Sie dahinter aus? (Wenn Sie unsicher sind, sollten Sie den Ort des Geschehens am Vortag besichtigen und einen Freund bitten, von den letzten Zuhörerreihen aus ein Foto zu machen.)
- Gibt es ein Mikrofon? Ist es am Pult befestigt?
- Haben Sie die Schritte einstudiert, mit denen Sie sich zum Pult und von ihm weg bewegen?
- Wie werden die maßgeblichen Personen im Publikum auf die durch das Pult suggerierte Autorität reagieren?

Verwendung eines Pultes

POSITIVE WIRKUNG

- Bereiten Sie etwas vor, auf das Sie Ihre Notizen legen können, damit Sie entspannter stehen und Ihre Präsentation sicherer vortragen können
- Bewegen Sie sich vom Pult zur Bühnenmitte und zurück, um die Aufmerksamkeit des Publikums auf Ihre Person zu lenken
- Stehen Sie entspannt hinter Ihrem Pult und vermitteln Sie Ihre Botschaft mittels Gesicht und Händen

NEGATIVE WIRKUNG

- Den Vortrag vom Papier ablesen und die Augen dabei immer gesenkt halten, sodass ein Kontakt mit dem Publikum kaum stattfindet
- Durch zu häufiges Herumwandern auf der Bühne den Eindruck von Ruhelosigkeit erzeugen
- Das Pult fest umklammern, als ob Sie es als Stütze benötigen

---

Verwenden Sie eine positive Körpersprache

Sobald Sie sich klargemacht haben, wen Sie gegenüber Ihrem Publikum darstellen wollen, sollten Sie Ihre Körpersprache ganz auf diese Identität hin ausrichten. Informelle Präsentationen »entre nous« funktionieren in der Regel besser, wenn Sie sitzend vortragen. Bedenken Sie, wie unterschiedlich es wirkt, wenn sich der Vortragende hinter einem Tisch verschanzt oder wenn er sich lässig auf dessen Vorderkante niederlässt. Am stärksten unterstreichen Sie die Nähe zu Ihren Zuhörern, indem Sie sich mitten unter sie setzen. Das ist in größeren oder formelleren Veranstaltungen vielleicht nicht immer möglich oder angebracht, aber Sie könnten zumindest überlegen, ob Sie nicht zu einem bestimmten Zeitpunkt Ihres Vortrags zwischen eine kleine Gruppe von Zuhörern treten – damit signalisieren Sie atmosphärisch beispielsweise den Übergang zu einem Brainstorming oder einer Diskussionsrunde.

TIPP Setzen Sie sich nicht, wenn Sie nicht zuvor gecheckt haben, ob die betreffende Konstruktion stabil genug ist.

Gewusst wie: Körpersprache

Zur Körpersprache gehört alles vom Gesichtsausdruck über die Haltung beim Stehen bis zu der Art, wie Sie Ihre Arme bewegen. Die Wirkung Ihrer Körpersprache auf das Publikum ist beträchtlich – nehmen Sie sich ausreichend Zeit, sich mit ihr zu beschäftigen.

Machen Sie ein freundliches Gesicht

Der wichtigste Teil der Körpersprache ist der Gesichtsausdruck. Indem Sie freundlich gucken, vermitteln Sie Ihren Zuhörern, dass Sie entspannt sind und sich am jeweiligen Ort wohlfühlen; auch dem Publikum geht es gleich viel besser. Indem Sie Zuversicht ausstrahlen, erhöhen Sie Ihre Glaubwürdigkeit. Die meisten Zuhörer werden ebenfalls ein freundliches Gesicht zeigen, und eine einmal per Augenkontakt hergestellte wohlwollende Beziehung erhöht die Aufmerksamkeit und hält in der Regel bis zum Ende des Vortrags an.

Nützliche TECHNIKEN

Ein Spiegel eignet sich hervorragend dazu, die eigene Körpersprache zu trainieren.

- Halten Sie Ihre gesamte Präsentation vor einem großen Spiegel.
- Sie werden feststellen, dass Sie sich bewusst in die Augen schauen. Genau so sollten Sie Ihr Publikum ansprechen.
- Lächeln Sie und üben Sie so lange, bis Ihr Lächeln natürlich wirkt – ein gezwungenes Grinsen schafft keine entspannte Atmosphäre.
- Trainieren Sie, mit einem raschen Blick auf Ihre Notizen sofort die richtige Stelle zu finden und Ihren Blick anschließend wieder Ihrem Spiegelbild zuzuwenden. In der Summe sollten Sie länger auf Ihr Spiegelbild als auf Ihren Text schauen.

TIPP Bestimmte Gesten gelten in manchen Kulturen als unhöflich oder beleidigend. Dazu gehören beispielsweise wedelnde Handbewegungen oder das Zeigen der Handflächen.

Die richtige Haltung

Achten Sie darauf, dass Sie mit der Art, wie Sie stehen, die richtige Botschaft vermitteln. Das Training vor dem Spiegel ist hilfreich, aber Sie müssen sich während der Präsentation auch daran erinnern.

Probieren Sie folgende Haltungen aus:

- Stellen Sie sich mit dem Gesicht zum Publikum und lockern Sie Ihre Schultern.
- Stecken Sie die Hände in die Taschen, wenn Sie sich damit wohlfühlen, aber halten Sie sie dort ruhig.
- Die Hände entspannt neben dem Körper zu halten, erfordert etwas Übung, wirkt aber dafür umso natürlicher.

Körperhaltungen, die Sie vermeiden sollten:

- Die Hände auf Schritthöhe falten
- Die Hände hinterm Körper falten – wirkt seltsam verspannt
- Die Arme vor der Brust kreuzen – wirkt wie eine Abwehrgeste

Gesten sprechen Bände Im Spiegel werden Sie entdecken, dass manche Gesten oder Haltungen, die Sie bislang für lässig hielten, in Wahrheit verkrampft und formell wirken.

Nutzen Sie den Raum

Solange Sie keine Diavorführung in einem abgedunkelten Raum geben, wollen die Anwesenden Sie sehen, und so sollten Sie sich auch nicht verstecken: Halten Sie sich in der Mitte der Bühne auf und bewegen Sie sich ausreichend.

Choreografieren Sie Ihre Bewegungen

Bewegung im Raum ist ein gutes Mittel, um die Aufmerksamkeit auf ihre Person zu konzentrieren, Argumente zu unterstreichen, das Interesse der Zuhörer wachzuhalten oder nach einem kleinen Blackout Zeit zu gewinnen und den Faden wieder aufzunehmen. Überlegen Sie, wie Sie die verschiedenen Teile Ihrer Präsentation gliedern können, indem Sie sie von verschiedenen Positionen aus vortragen. Selbst wenn Sie die meiste Zeit über neben der Leinwand stehen, können Sie Ihrem Finale ein besonderes Gewicht geben, indem Sie es von der Bühnenmitte aus bestreiten.

Gute Redner stimmen ihre Bewegungen auf den Inhalt ihres Vortrags ab.

Gehen Sie aufrecht

Wenn Sie von einer Seite der Bühne zur anderen schreiten oder den Mittelgang entlanggehen, werden die Zuhörer Ihnen mit ihren Blicken folgen. Belohnen Sie die Mühe. Bewegen Sie sich zuversichtlich, anmutig, elegant und gemessen, halten Sie den Kopf gerade und nehmen Sie eine »offene« Körperhaltung ein. Ihr äußeres Erscheinungsbild beeinflusst die Wahrnehmung dessen, was Sie sagen. Wenn Sie den Kopf gesenkt und die Hände hinterm Rücken halten, wirken Sie wie ein altmodischer Schulmeister; wenn Sie ruhelos umhereilen, erinnern Sie an ein eingesperrtes Haustier.

TIPP Zögern Sie nicht, Geräte und Hilfsmittel, die Sie nicht benötigen, vor der Präsentation an den Bühnenrand zu verbannen.

Die Leuchtturmtechnik

Wenn Sie sich nicht selbst im Raum bewegen können, sollten Sie zumindest dafür sorgen, dass die Augen sich bewegen. Starren Sie nicht ständig in eine Ecke, auf Ihre Notizen oder zur Dialeinwand; lassen Sie vielmehr Ihren Blick wie den Scheinwerfer eines Leuchtturms über die Runde schweifen.

Lassen Sie Ihre Augen schweifen Blicken Sie flächendeckend in alle Bereiche des Raumes. Versuchen Sie im Lauf der Zeit, mit allen Zuhörern mindestens einmal direkten Blickkontakt aufzunehmen.

Suchen Sie Blickkontakt Lassen Sie Ihren Blick von Zeit zu Zeit auf einem Zuhörer ruhen. Bleiben Sie nicht immer am selben freundlichen Gesicht hängen; andernfalls erzeugen Sie den Eindruck, es handelte sich um eine Privatveranstaltung.

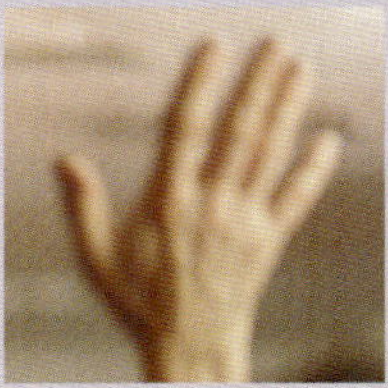

Halten Sie Ihre Augen in Bewegung So sind Sie sicher, dass Sie mitbekommen, was im Raum vor sich geht – beispielsweise, wenn jemand eine Frage stellen will oder mit seinen Gedanken anderswo ist.

Ein Mikrofon einsetzen

Das Mikrofon, das einst Profis vorbehalten war, kommt heute auch bei informellen Gelegenheiten zum Einsatz. Mikrofone sind einfach zu bedienen und mitunter sehr hilfreich; es gibt im Wesentlichen drei Typen.

Pultmikrofone

Ein Pultmikrofon ist am wenigsten benutzerfreundlich, weil es am Pult befestigt ist – was Ihre Bewegungsfreiheit stark einschränkt. Solange Sie in ein Pultmikrofon sprechen, müssen Sie das Interesse ausschließlich mit Ihren Worten und Gesten wachhalten. Wenn Sie sich vor ein solches Mikrofon gestellt sehen, sollten Sie nach weiteren Optionen fragen – möglicherweise werden Ihnen dann Alternativen angeboten.

Standmikrofone

Ein Standmikrofon lässt den Blick auf Ihre Person frei. In der Regel können Sie es abnehmen und mit sich herumtragen, soweit das Kabel dies zulässt. Es gibt jedoch ein paar klassische Fallstricke. So kommt es beispielsweise vor, dass sich das Mikrofon nicht auf die richtige Höhe stellen lässt. In diesem Fall bleibt Ihnen nichts anderes übrig, als sich entweder zum Mikrofon hinunterzubeugen oder den Kopf nach oben zu strecken, was beides nicht sehr überzeugend wirkt. Üben Sie das Verstellen des Mikrofons im Vorfeld und markieren Sie die richtige Höhe mit einem Klebestreifen. Wenn vor Ihnen ein kleinerer oder größerer Redner vorträgt, können Sie den Ständer anschließend problemlos wieder auf die richtige Höhe bringen. Wenn die Handhabung knifflig ist, sollten Sie rechtzeitig

Mikrofontypen

Typ	Vor- und Nachteile
Pult	Sie tragen von einem festen Ort vor; nur Kopf und Schultern sind zu sehen.
Ständer	Lässt sich abnehmen und in der Hand halten; häufig knifflig in der Justierung.
Knopfloch	Klein und beweglich; die Lautstärkeregelung ist manchmal Glückssache.

jemanden bitten, Ihnen zu helfen. Wenn Sie das Mikrofon aus der Halterung nehmen und damit herumlaufen, müssen Sie aufpassen, dass Sie nicht über das Kabel stolpern oder es unversehens strammziehen. Mit der Hand, die das Mikrofon hält, können Sie nicht mehr gestikulieren. Beachten Sie dies bei der Choreografie Ihrer Körpersprache.

Ein Mikrofon ist ein Hilfsmittel
Betrachten Sie es nicht als Bedrohung. Wenn Ihre Stimme nicht so kräftig ist, sorgt es dafür, dass Sie gehört werden.

Ansteckmikrofone

Ansteck- oder Knopflochmikrofone sind am unaufwendigsten, weil sie Ihnen volle Bewegungsfreiheit lassen. Sie werden an Ihrer Kleidung befestigt und per Kabel oder Funk mit einem Sender verbunden. Machen Sie rechtzeitig vor der Veranstaltung einen Soundcheck und regeln Sie anschließend lediglich die Lautstärke herunter, ohne das Mikrofon abzuschalten. Wenn die Zeit Ihres Auftritts gekommen ist, braucht der Techniker lediglich den Regler wieder in die ursprüngliche Stellung zu schieben.

TIPP Sie können das Mikrofon am Revers Ihres Jacketts befestigen und den Sender in einer Tasche unterbringen.

Zusammenfassung: Bühnenkunst

Es ist nur zu verständlich, wenn Ihnen der Gedanke an die bevorstehende Präsentation Bauchschmerzen verursacht, aber mit etwas Vorausschau und Planung können Sie die Situation meistern. Lassen Sie sich von dieser Zusammenfassung leiten, wenn Sie sich auf Ihren großen Auftritt vorbereiten. Denken Sie daran: Selbst routinierte Redner haben noch Lampenfieber.

Handlungsplan

1 Vorbereitung

- Achten Sie darauf, dass Ihr Inhalt gut strukturiert und die Botschaft klar ist, damit Sie sich ganz auf Ihre Darbietung konzentrieren können
- Proben Sie Ihre Darbietung vor einem Spiegel und achten Sie auf Ihre Körpersprache und Ihre Stimme
- Machen Sie sich mit den Hilfsmitteln vertraut – üben Sie ihre Verwendung und überlegen Sie, wie Sie ohne sie auskommen können
- Stellen Sie sich auf vorhersehbare Probleme ein – von technischen Pannen bis zu unbequemen Fragen

2 Am Tag selbst

- Kleiden Sie sich so, wie es die Achtung vor dem Publikum gebietet – im Zweifelsfall gepflegt, schlicht und bequem
- Begeben Sie sich frühzeitig zum Ort des Geschehens, richten Sie Ihre Geräte ein und reagieren Sie auf eventuelle Überraschungen
- Bitten Sie jemanden, sich für technische Probleme bereitzuhalten oder Ihnen im Fall eines Blackouts mit einer passenden Frage auf die Sprünge zu helfen
- Beruhigen Sie Ihre Nerven mit einem einstudierten Ritual – überprüfen Sie die Vollständigkeit Ihrer Notizen und trinken Sie ein Glas Wasser

3 Erster Eindruck

Betreten Sie die Bühne mit der Zuversicht desjenigen, der sich gründlich vorbereitet hat

Rechnen Sie damit, dass man Sie nach Ihrem Äußeren und nach dem Klang Ihrer Stimme beurteilt – der Ersteindruck zählt am meisten

Verwenden Sie eine positive Körpersprache – ein freundliches Gesicht und Augenkontakt bringen Sie Ihren Zuhörern näher

Zögern Sie nicht, in ein Mikrofon zu sprechen – verstehen Sie es als Hilfe, damit Sie gut zu hören sind

4 Konzentration

Lassen Sie Ihre Nerven für anstatt gegen Sie arbeiten, indem Sie das anfängliche Lampenfieber in Energie und Präsenz verwandeln

Lassen Sie wie ein Leuchtturm Ihren Blick über den gesamten Raum schweifen

Bauen Sie eine Beziehung zu Ihrem Publikum auf, stehen Sie aufrecht und bewegen Sie sich im Raum

Verlassen Sie die Bühne rechtzeitig und vergessen Sie nicht, zuvor Ihrem Publikum zu danken

4

Die Requisiten

Die richtigen Requisiten können einer Präsentation zusätzliche Ausdruckskraft verleihen, solange Sie Zutaten bleiben und nicht zur Hauptsache werden. Wenn Sie Ihren Vortrag auch aus dem Stegreif und ohne Hilfsmittel halten können, kann Ihnen im Grunde nichts passieren. Mit Requisiten lassen sich jedoch zusätzliche Akzente setzen. In diesem Kapitel lernen Sie, wie Sie:

- andere Menschen als Requisiten einsetzen,
- Whiteboard, Flipchart und Overheadprojektor optimal nutzen,
- Computerpräsentationen entwerfen, die sich sehen lassen können,
- Ton- und Animationseffekte wirkungsvoll verwenden.

Menschen als Requisiten

Bühnenzauberer haben häufig brillante Assistenten, deren eigentliche Aufgabe es ist, die Aufmerksamkeit des Publikums vorübergehend vom Zauberer und seinen Tricks abzulenken. Einem Vortragenden in Sachen Wirtschaftsthemen steht es ebenfalls frei, Assistenten einzusetzen, die das Publikum ablenken, unterhalten oder informieren.

Nicht allein im Rampenlicht

Ein Assistent kann Ihre Botschaft unterstreichen oder aber die Aufmerksamkeit auf andere Elemente der Präsentation lenken, damit Sie selbst entspannter und überzeugender vortragen können. Welche konkreten Formen der Hilfe durch Kollegen sind denkbar?

- Sie leihen sich fachliche Autorität, um komplexe oder sehr spezielle Sachverhalte darzulegen.
- Sie lassen sich von einem technisch bewanderten Kollegen bei der Bedienung des Vorführcomputers helfen.
- Sie stellen Ihre Befähigung zum Teamplayer unter Beweis.
- Sie schicken bei einem schwierigen Thema oder bei einem, von dem Sie selbst wenig verstehen, ein anderes »Gesicht« vor.

Think SMART

Ein »Stargast« auf der Bühne ist stets sehr wirkungsvoll – selbst wenn er nichts anderes tut, als Ihre Aussagen noch einmal zu unterstreichen.

Ähnlich wie bei einem Gastauftritt in einer Fernsehshow bewirkt allein die Gegenwart eines anderen auf der Bühne, dass die Zuhörer die Hälse recken und Ihrer Präsentation aufmerksamer folgen. Beim »Stargast« kann es sich um einen höhergestellten Mitarbeiter (eine Prise Schmeichelei tut Wunder, um ihn auf die Bühne zu locken) oder eine unternehmensexterne Autorität handeln. Indem Sie jemanden mitbringen, der in dem Bereich, von dem Ihre Präsentation handelt, einiges Gewicht in die Waagschale zu werfen hat, bedeuten Sie dem Publikum: Seht, ich bin mit meiner Ansicht nicht allein.

Fallstudie: Kollegen einsetzen

Wei war in einem Softwareunternehmen für die Vermarktung eines völlig neuen Produkttyps zuständig, fürchtete jedoch, eines der Geräte könnte während einer Vorführung streiken. Er sprach darüber mit einem Kollegen, der ihm vorschlug, einen Unternehmenstechniker zu bitten, die Software während der Vorführungen zu bedienen. Diese neue Präsentationsform schonte Weis Nerven und ermöglichte es ihm, seine eigentliche Aufgabe besser zu erfüllen.

- Wei fühlte sich auf der Bühne entspannter – seit er sicher sein konnte, dass er sich nicht plötzlich mit technischen Pannen auseinandersetzen musste, trug er lockerer und überzeugender vor.
- Wenn eine Panne auftrat, konnte Wei seinen Vortrag dennoch fortsetzen, während der Techniker das Problem löste. Weil nicht er gefordert war, fiel es ihm leichter, sich weiterhin auf seine Inhalte zu konzentrieren.

Von den Experten lernen

Wenn zu Ihrer Präsentation eine Vorführung gehört, die eventuell schiefgehen könnte, sollten Sie die bestqualifizierte Person, derer Sie habhaft werden, bitten, die Vorführung für Sie zu bewerkstelligen. Wenn eine Panne auftritt, ist der Betreffende zur Stelle, um sie zu beheben, und Sie können Ihre Präsentation ungehindert fortsetzen.

Geben Sie nicht den Einzelkämpfer

Gemeinsam ist man stärker, und ob Sie nun lediglich Lampenfieber haben oder besorgt sind, dass Sie etwas Unpopuläres vorzutragen haben – vieles spricht dafür, dass Sie sich von einem Kollegen sekundieren lassen. Wenn Sie Publikumsfragen erwarten, die Sie nicht beantworten können, sollten Sie überlegen, ob Sie nicht eine Expertenrunde auf die Bühne bitten wollen, bevor Sie die Fragerunde eröffnen.

TIPP Wenn neben Ihnen auch andere im Rampenlicht stehen, beruhigt das unter Umständen Ihre Nerven. Passen Sie jedoch auf, dass man Ihnen nicht die Show stiehlt.

Whiteboards

Whiteboards finden sich in Büros und Konferenzräumen auf der ganzen Welt, weil sie billig, wirkungsvoll und einfach in der Handhabung sind. Man muss sie weder konfigurieren noch vor Gebrauch mühsam einschalten.

An der Tafel stehen

Weil wir seit Schultagen mit Tafeln vertraut sind, vergessen wir nur allzu leicht, dass ihre Verwendung einer gewissen Technik bedarf. Das Bild vom zerstreuten Professor, der endlose Gleichungen auf eine Tafel schreibt, ist uns so präsent, dass wir geneigt sind, darin ein Vorbild zu sehen. Im Wirtschaftskontext spielt der Präsentationsstil jedoch eine viel größere Rolle als in der akademischen Welt. Bedenken Sie: Während Sie wie ein geistesabwesender Professor Ihre Tafel bearbeiten, drehen Sie Ihrem Publikum unablässig den Rücken zu – eine wenig überzeugende Situation. Gestandene Manager sind zwar möglicherweise etwas geduldiger als Schulkinder, aber je länger Sie ausschließlich »zur Wand« reden, desto mehr lassen die Aufmerksamkeit und die Bereitschaft Ihrer Zuhörer, sich mit dem Thema eingehend zu beschäftigen, nach.

Nützliche TECHNIKEN

Trainieren Sie den Umgang mit dem Whiteboard vor Ihrer Präsentation. Orientieren Sie sich dabei an einem Fernsehmoderator, der das Wetter präsentiert.

- Drehen Sie dem Publikum nicht den Rücken zu, während Sie schreiben; beschreiben Sie die Tafel nach Möglichkeit bereits vor Beginn der Veranstaltung.
- Bedecken Sie die einzelnen Punkte mit Papierbögen, die Sie mit Klebepads auf der Tafel befestigen.
- Entfernen Sie die Papiere sukzessive, um Textbereiche sichtbar zu machen.
- Wenden Sie das Gesicht nur so lange der Tafel zu, wie es unbedingt erforderlich ist.

Wie Sie ein Whiteboard verwenden sollten

Verbringen Sie möglichst wenig Zeit damit, auf das Whiteboard zu zeichnen oder zu schreiben, und wenden Sie Ihr Gesicht so oft es geht Ihrem Publikum zu. Geben Sie dem Whiteboard die Bedeutung, die es verdient: Es ist lediglich ein Hilfsmittel; die Präsentation halten immer noch Sie selbst.

Blicken Sie zum Publikum Versuchen Sie, Ihren Redefluss nicht zu unterbrechen. Gliedern Sie den zu schreibenden Text in kurze Passagen und reden Sie während des Schreibens.

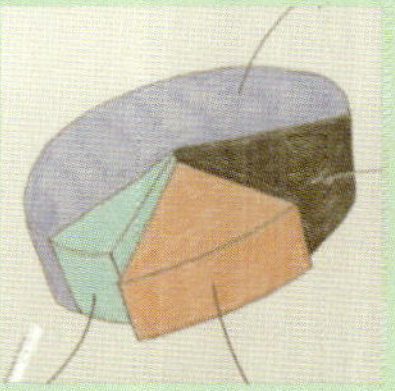

Vorbereitung
Wenn Sie Grafiken oder ähnliche zeitaufwendige Elemente benötigen, sollten Sie zumindest die Umrisse bereits im Voraus skizzieren.

Lassen Sie sich helfen
Wenn Sie viel Text benötigen, sollten Sie jemanden aus dem Publikum bitten, ihn für Sie zu schreiben, damit Sie unterdessen weiterreden können.

TIPP Führen Sie stets frische Whiteboard-Marker in unterschiedlichen Farben mit sich. Verwechseln Sie sie nicht mit Ihren wasserfesten Flipchart-Markern.

Flipcharts

Wie Whiteboards brauchen Flipcharts nicht an die Steckdose angeschlossen zu werden und sind für technische Pannen unanfällig. Bereiten Sie die Seiten so gut es geht im Voraus vor, sodass Sie sie nur noch aufzuschlagen brauchen.

Vorbereitung

Der erfolgreiche Einsatz eines Flipcharts ist in erster Linie eine Frage der Vorbereitung. Die spontane Anfertigung während des Vortrags eignet sich höchstens für improvisierte, informelle Präsentationen, aber auch hier werden Sie früher oder später verzweifelt vor- und zurückblättern, um jene zentrale Botschaft wiederzufinden, auf die Sie abschließend noch einmal hinweisen wollen. Vermeiden Sie dies, indem Sie Ihre wichtigsten Botschaften auf gesonderten Blättern notieren, die Sie zu gegebener Zeit mit Klebeband neben dem Flipchart befestigen können, wo sie nicht verschüttgehen können. Wenn Ihre eigene Handschrift schwer lesbar ist, könnten Sie jemanden bitten, das Schreiben für Sie zu übernehmen, damit Sie sich auf Ihren mündlichen Vortrag und den Kontakt mit dem Publikum konzentrieren können.

Think SMART!

Wenn Sie im Rahmen Ihrer Flipchart-Präsentation Zeichnungen benötigen, aber unsicher sind, ob sie Ihnen vor Publikum gelingen, sollten Sie sich entsprechend präparieren.

Fertigen Sie mit leichtem Bleistiftstrich eine Vorzeichnung an. Wenn Sie die Zeichnung dann im Verlauf Ihrer Präsentation benötigen, brauchen Sie lediglich mit einem kräftigen Marker die Linien nachzumalen. Das Publikum, das die Hilfslinien nicht sieht, wird bestimmt beeindruckt sein von Ihren spontanen Zeichenkünsten.

Wie Sie ein Flipchart verwenden

Wie beim Whiteboard gibt es ein paar Regeln, die Ihnen den Umgang mit dem Flipchart erleichtern und gewährleisten, dass das Publikum das vorbereitete Material stets gut erkennen und lesen kann.

- Bringen Sie, wenn möglich, Ihr eigenes Flipchart mit. Wenn Sie wählen können, sollten Sie sich für ein Modell entscheiden, bei dem sich die einzelnen Blätter leicht abreißen lassen, damit Sie die Reihenfolge bei Bedarf ändern können.
- Wechseln Sie gegebenenfalls zwischen beschrifteten und unbeschrifteten Blättern ab, um zu verhindern, dass die Schrift oder Zeichnung des jeweils darunterliegenden Blattes zu sehr durchscheint.
- Verwenden Sie unter Umständen karierte Blätter – das macht es Ihnen leichter, die Schriftgröße beizubehalten und eine optimale Lesbarkeit zu garantieren.
- Wenn Sie auf einem Blatt etwas ändern wollen, brauchen Sie es nicht komplett neu zu schreiben – es gibt weiße Marker, mit denen Sie den ungewünschten Text entfernen können.

Flipcharts gestalten

POSITIVE WIRKUNG

- Verwenden Sie wenige kräftige Farben
- Schreiben Sie in leicht lesbaren Großbuchstaben
- Beschreiben Sie die Blätter nicht bis zum unteren Rand
- Bereiten Sie Ihre wichtigsten Punkte auf Extrablättern vor, die Sie zu gegebener Zeit mit Klebepads befestigen können. Nutzen Sie zur Markierung selbstklebende Sterne.
- Verwenden Sie für ein Brainstorming das Whiteboard, um Ideen festzuhalten, und das Flipchart, um die wichtigsten Punkte zu sammeln

NEGATIVE WIRKUNG

- Altersschwache Marker
- Schwer lesbare, ineinander übergehende Kleinbuchstaben
- Die Blätter bis unten vollschreiben, sodass die letzten Zeilen vom hinteren Teil des Raums aus schwer einsehbar sind
- Wichtige Textzeilen, von denen Sie im Voraus wissen, dass Sie sie benötigen, erst während der Veranstaltung mühsam auf dem Flipchart notieren
- Im Brainstorming mit nur einem Flipchart arbeiten: Die Blätter sind rasch gefüllt und Sie verzetteln sich

Overhead- und Diaprojektoren

Durch die Popularität der PowerPoint-Präsentation sind die guten alten Overhead- und Diaprojektoren fast in Vergessenheit geraten, aber gelegentlich kommen sie immer noch zum Einsatz, und dann ist es gut, wenn Sie sich damit auskennen.

Schaffen Sie das richtige Umfeld

Wenn Sie Dias an die Wand werfen wollen, muss der Raum abgedunkelt sein, was den Nachteil hat, dass manch müder Zuhörer sich mit dem Wachbleiben schwertut. Achten Sie deshalb besonders auf eine gute Raumbelüftung und eine nicht zu hohe Raumtemperatur. In der Dunkelheit bleiben Sie als Vortragender ebenfalls unsichtbar, sodass die Wirkung Ihrer Darbietung ganz von Ihren Bildern und Worten abhängt. Formulieren Sie Ihren Vortrag umso sorgfältiger und besorgen Sie sich im Voraus eine Lichtquelle, falls Sie auf Ihre Notizen angewiesen sind. In vielen Buchläden gibt es kleine Leselampen, die sich mit einer Klammer am Buch befestigen lassen;

Nützliche TECHNIKEN

Wenn Sie mit Overhead- und Diaprojektoren nicht vertraut sind, sollten Sie ihre Bedienung vorher üben, damit Sie während Ihrer Präsentation keinen unsicheren Eindruck machen:

1 Üben Sie Ihren Vortrag, während Sie gleichzeitig den Projektor bedienen – Sie sollten Ihren Text auch dann nicht ablesen, wenn Sie sich unsichtbar wähnen.

2 Wechseln Sie Ihre Dias nicht zu häufig; beschränken Sie sich vielmehr auf wenige, aber umso aussagekräftigere Bilder.

3 Wenn Sie nur wenige Dias oder Folien verwenden, sollten Sie zwischendurch den Projektor ausschalten oder die Linse abdecken, um das Publikum nicht mit einer leeren hellen Leinwand zu blenden und abzulenken.

4 Schalten Sie Ihren Projektor insbesondere dann aus (und schalten Sie das Saallicht ein), wenn Sie zum Diskussionsteil übergehen, damit niemand unnötig gegen das Lüftergeräusch ansprechen muss.

TIPP **Wenn auf einer Folie mehrere Punkte stehen, sollten Sie die einzelnen Textzeilen nur sukzessive aufdecken, damit das Publikum nicht zu früh weiterliest.**

ein Klemmbrett zusammen mit einer solchen Lampe ist praktisch in der Handhabung und lenkt wenig ab.

Halten Sie die Reihenfolge ein

Overheadprojektoren lassen sich so einrichten, dass Sie dahinter- oder inmitten Ihres Publikums stehen. Es ist auch nicht immer unbedingt notwendig, den Raum vollständig abzudunkeln, was insbesondere für Präsentationen mit Diskussionen von Bedeutung ist. Meistens werden Overheadprojektoren ähnlich wie Flipcharts verwendet, wobei sich die vorbereiteten Folien flexibler handhaben, aber auch leichter durcheinanderbringen lassen. Nehmen Sie, falls vorhanden, die Schutzpapiere Ihrer Folien im Voraus ab und halten Sie die Folien in einem Ordner bereit. Verwenden Sie Haftnotizen, um sich zusätzliche Stichworte zu merken. Sie können auch mehrere Folien sukzessive übereinanderlegen und auf diese Weise eine Argumentationskette oder eine Grafik schrittweise »aufbauen«.

Verleihen Sie Ihrer Präsentation Frische

Wenn Ihre Folien jeweils mehrere Unterpunkte enthalten, sollten Sie sie nur sukzessive aufdecken

Bedecken Sie die Folie mit einem nicht durchscheinenden Papier, sodass anfangs nur die Überschrift zu sehen ist

Ziehen Sie das Papier im Laufe Ihres Vortrags immer weiter nach unten weg

Lassen Sie Ihr Publikum raten, welcher Punkt als Nächstes folgt, bevor Sie ihn aufdecken. Damit verstärken Sie die Aufmerksamkeit und erzeugen Neugier

Zeigestock und andere Requisiten

Als Requisite kommt alles infrage, was Ihre Aussage unterstreicht und Humor in die Veranstaltung bringt. Wenn Sie ein Produkt vorstellen, ist es sinnvoll, wenn Sie ein Exemplar davon auf die Bühne mitbringen, damit das Publikum mit eigenen Augen sehen kann, wovon die Rede ist.

Wirkungsvolle Requisiten

Mit einer geschickt eingesetzten Requisite können Sie die Überzeugungskraft Ihrer Argumente verstärken oder von Ihrer eigenen Person ablenken. Passen Sie jedoch auf, dass Sie mit Ihren Requisiten nicht zugleich auch von Ihrem Thema ablenken, stellen Sie deshalb die Beziehung zu dem, was Sie sagen wollen, von Anfang an klar heraus. Komplizierte Requisiten, die lange Erklärungen erfordern, sind kontraproduktiv, weil sie, statt mehr Leichtigkeit zu schaffen, selbst zum Mittelpunkt der Veranstaltung werden. Wenn Sie nicht sicher sind, ob Sie eine Requisite verwenden sollten, können Sie einen Kollegen bitten, einer Probevorführung beizuwohnen.

Fallstudie: Etwas zum Vorzeigen haben

Sunil hält als Fundraiser regelmäßig Vorträge über bezahlbare Technologien für die Dritte Welt. Er machte die Beobachtung, dass seine noch so überzeugenden Argumente zugunsten billiger Computer bei einem Publikum, das die ständige Bettelei um Geld allmählich satthatte, nicht mehr zogen – er musste seine Darbietung mit eindrucksvollerem Material anreichern. Zu seinem nächsten Vortrag brachte er einen hellgelben Laptop mit und behauptete, es ließe sich für weniger als 60 britische Pfund auf den Markt bringen. Auch wenn er lediglich einen Prototyp präsentierte, weckte das gelbe Gerät die Aufmerksamkeit des Publikums.

- *Die einzige Frage, die Sunil stellen musste, lautete: »Wer will eigentlich NICHT investieren?« Er lernte, dass sogar ein rein visuelles Requisit große Wirkung haben kann.*
- *In den Augen der Zuhörer wirkte der von Sunil präsentierte Prototyp real; anstelle eines theoretischen Ziels präsentierte er ihnen etwas zum Anfassen, und das weckte in ihnen den Wunsch, bei der Realisierung der Entwicklungspläne mitzuwirken.*

Laserpointer

Laserpointer sind unaufdringlich
Sie sind klein und handlich und lenken die Aufmerksamkeit des Publikums dorthin, wo sie hingehört – auf Ihre Präsentation.

Es gab eine Zeit, als so gut wie jeder Vortragende einen Teleskop-Zeigestock mitbrachte, mit dem er während der Veranstaltung bedeutungsvoll auf Whiteboard, Flipchart und Projektionsleinwand klopfte. Eine gute Präsentation sollte auch ohne solche Betonungszeichen auskommen. Gliedern Sie Ihre Argumentation im Voraus in einzelne Punkte; dann brauchen Sie Ihren Text nicht mühsam mit Zeigerhilfe auseinanderzunehmen. Ähnliches gilt für fast alle Requisiten. Zeigen Sie sie dem Publikum, aber widerstehen Sie der Versuchung, damit während Ihrer Präsentation zu spielen. Legen Sie sie nach Gebrauch außer Sichtweite, damit sie das Publikum nicht vom weiteren Vortrag ablenken.

TIPP **Wenn Sie einen Zeigestock benötigen, sollten Sie einen Laserpointer wählen, der unauffällig in Ihrer Hand Platz hat und einen roten Punkt auf Ihre Projektionsfläche wirft.**

PowerPoint

Präsentationen werden immer häufiger mittels Computerprogrammen erstellt, und das aus gutem Grund. Am verbreitetsten ist das Programm PowerPoint, mit dem sich zahlreiche wirkungsvolle Effekte erzielen lassen.

Die richtige Balance

Der Nachteil ist, dass PowerPoint es dem Nutzer allzu leicht macht, bei den Effekten zu übertreiben. Visuelle Elemente sollen die Botschaft unterstreichen, aber nicht den Vortrag ersetzen. Wenn Sie mit PowerPoint arbeiten, sollten Sie darauf achten, dass das Publikum den Inhalt Ihrer Präsentation immer noch in erster Linie aus Ihrem Munde erfährt. Wenn Sie den Schwerpunkt der Veranstaltung auf die Leinwand verlagern, könnten Sie genauso gut das Gesamtpaket ausdrucken, verteilen und nach Hause gehen.

Software sollte Ihren Vortrag vereinfachen, anstatt ihn zu verkomplizieren.

Übersichtlichkeit

Ein nützliches Feature von PowerPoint (und vielen ähnlichen Programmen) ist die »Foliensortierung« im Menü »Ansicht«. Hier erhalten Sie einen Überblick über Ihre gesamte Präsentation, sodass Sie sie von Anfang bis Ende auf ihre logische Folgerichtigkeit hin überprüfen können. Weil Sie alle Folien in Miniaturformat nebeneinander sehen, fallen mit Text überfrachtete Folien, die die Gesamtwirkung beeinträchtigen könnten, unmittelbar auf. Solange Sie die Folien in der Miniaturdarstellung gut lesen können, stimmt die Textmenge. Andernfalls sollten Sie sich überlegen, ob Sie eine zu kleine Schrifttype gewählt oder die Zeilen zu eng gesetzt haben.

TIPP **Verwenden Sie Übergangseffekte, aber halten Sie sie dezent. Für den Folienwechsel bietet sich beispielsweise ein »Wischeffekt« horizontal über die Leinwand an.**

Präsentationssoftware gekonnt einsetzen

Jeder, der regelmäßig an Präsentationen teilnimmt, kennt diese überambitionierten PowerPoint-Kreationen mit langen Bilderfolgen und ausufernden visuellen Effekten. Ein sinnvoller Einsatz der Software sieht hingegen so aus:

- Präsentieren Sie Häppchen – je weniger Folien, desto besser, aber passen Sie auf, dass Sie die einzelnen Folien nicht überladen. Fünf Folien mit jeweils einem Punkt sind besser als eine Folie mit fünf Punkten.
- Deuten Sie im Voraus an, was als Nächstes kommt. Verwenden Sie gesonderte Folien als »Kapitelüberschriften«, um Ihren Vortrag zu gliedern und die Informationen »mundgerecht« zu machen.
- Reduzieren Sie. Die Folien sollten lediglich stichwortartig die Argumente zusammenfassen, die Sie mündlich vortragen.
- Und halten Sie sich an die Grundregel: Alles, was länger als eine Zeile ist, sollte erzählt und nicht gelesen werden.

Lassen Sie einen Kollegen draufschauen Ein großer Vorteil des PowerPoint-Formats ist es, dass Sie die Präsentation bequem auf dem Bildschirm vorführen und andere Meinungen dazu einholen können.

Think SMART

Auch wenn Ihre Folien mehr Text als Bilder enthalten, sollten Sie sie in Ihrer Präsentation wie »Bilder« behandeln.

Denken Sie beispielsweise an ein Geschichtenbuch für Kinder – die Worte sind zum Lesen da, während die Bilder ihnen zusätzliche Ausdruckkraft verleihen. In ähnlicher Weise unterstützen die Folien als »Bilder« den gesprochenen Text Ihrer Präsentation. Wichtig ist, dass der gesprochene Text dabei nicht in den Hintergrund rückt; die Folien sollen nur illustrieren, aber nicht ablenken.

Text mit Wirkung

Präsentieren ist wie Geschichtenerzählen: Ihr Publikum will mit den Ohren hören und nicht mit den Augen lesen. Auf Ihre Folien gehört lediglich Text, der folgenden Zwecken dient:

- Zusammenfassung oder Rekapitulation
- Stichwortgeber für den Vortragenden
- Wichtige Fakten oder Zahlen, die den Kern Ihrer Botschaft bilden oder als Diskussionsvorlage dienen
- Zitate, die Sie klar als solche kennzeichnen möchten

Worte sollten gesprochen und nicht gelesen werden.

Ein sicheres Mittel, um jede Präsentation zu ruinieren, besteht darin, einen Text an die Wand zu werfen, sich seitlich danebenzustellen und ihn laut vorzulesen. Tun Sie das niemals: Nicht nur langweilen Sie damit Ihr Publikum, Sie beleidigen damit seine Intelligenz.

TIPP Verwenden Sie ein Rechtschreibprogramm. Nichts macht einen schlechteren Eindruck als ein zehnfach vergrößerter Tippfehler.

Fassen Sie sich kurz

Je weniger Worte Ihre Präsentation umfasst, desto besser, aber bedenken Sie, dass mit der abnehmenden Zahl der Worte das Gewicht jedes einzelnen zunimmt. Rhetorische Effekte wie beispielsweise Dreierformeln (»Ich kam, ich sah, ich siegte« oder »Blut, Schweiß und Tränen«) eignen sich besonders gut für Präsentationen. Drei Folien mit den einfachen Überschriften »Das Gute«, »Das Schlechte« und »Das Hässliche« sind einprägsamer als eine ganze Folienfolge mit den guten und schlechten Aspekten eines Gegenstands. Berücksichtigen Sie die Bedeutung von guter Grammatik und Rechtschreibung und nutzen Sie die entsprechenden Features der Softwareprogramme. Lassen Sie zur Sicherheit noch einmal jemanden über Ihren Text lesen. Wer zu häufig auf ein und dieselbe Folie starrt, wird am Ende blind für Details, die einem Unbeteiligten sofort auffallen.

Präsentieren Sie Ihren Text augengerecht

Wählen Sie Schriftart und -farbe mit Bedacht. Weil die Folien wie Bilder wirken sollen, spielt die Wahl der Schrift eine wichtigere Rolle als bei gewöhnlichen Dokumenten. Ein gotische Schrift in Schwarz oder ein Klassiker wie Times Roman wirkt eher amtlich und solide, während eine Comic Sans in hellen Farben Leichtigkeit und Lebenskraft suggeriert.

- Bleiben Sie bei einer Schriftart. Mehrere Schriftarten irritieren und erzeugen einen Letternsalat, wie er für Bekennerschreiben typisch ist.
- Aufzählungspunkte sind wirkungsvoll, aber es sind auch andere Lösungen denkbar. Die größte Wirkung erzielen Sie, indem Sie für jeden Punkt eine eigene Folie reservieren.
- Zu viel Text auf zu engem Raum verwirrt. Wählen Sie deshalb stets den doppelten Zeilenabstand und beschränken Sie sich auf den mittleren Bereich der Leinwand.

Ausdrucksstarke Bilder

Wie wir auf den vorigen Seiten gesehen haben, können Worte die Funktion von Bildern übernehmen. Sie können die visuelle Wirkung Ihrer Präsentation jedoch auch durch die eine oder andere Grafik verstärken. Zahlreiche Möglichkeiten stehen zur Auswahl – Diagramme oder Kurven, Clipart-Elemente oder großflächige Bilder und Hintergründe.

Eine klare Bildsprache Mit einfach zu handhabenden Softwareprogrammen lassen sich höchst professionelle Grafiken erstellen, mit denen Sie Ihre Statistiken und andere Zahlen veranschaulichen können.

Loten Sie die Möglichkeiten Ihrer Software aus

Präsentationssoftware, Tabellenprogramme und sogar Wortprozessoren sind heute mit Grafiktools ausgestattet. Bevor Sie also Ihre Folien mit lauter Zahlen füllen, können Sie versuchen, diese stattdessen mittels einer Grafik zu veranschaulichen. Klarheit hat dabei oberste Priorität. Sorgen Sie dafür, dass sich die Bedeutung der Achsen eines Balkendiagramms dem Betrachter auf den ersten Blick erschließt, und tilgen Sie alle überflüssigen Randinformationen. Beschränken Sie die Beschriftung eines Tortendiagramms auf ein Minimum. Am besten notieren Sie dazu die Prozentzahlen der einzelnen Schnitze in den Schnitzen selbst.

Originelle Clipart

Eine gewisse Auswahl an Clipart-Elementen bringt Ihre Präsentationssoftware vermutlich bereits mit. Für einfache Verwendungszwecke wie Aufzählungspunkte, Hinweiszeichen und Sprechblasen reicht das aus, aber wenn Sie anspruchsvollere Bilder wie beispielsweise Cartoons planen, sollten Sie Ihren Suchkreis etwas erweitern, damit Sie am Ende nicht dieselben Elemente verwenden wie die Redner vor und nach Ihnen. Geben Sie »Clipart« in eine Suchmaschine wie Google ein und wählen Sie aus dem reichen Online-Angebot. Mischen Sie nicht zu viele Stile und überladen Sie Ihre Präsentation nicht mit Bildern und Cartoons – Ihr Publikum erwartet von Ihnen keinen Comic. Achten Sie auf mögliche Copyright-Hinweise.

Erzeugen Sie Ihre eigenen Hintergründe

Bilder lassen sich leicht über das Programmmenü einfügen. Mit einer handelsüblichen digitalen Kamera können Sie Bilder von relevanten Schauplätzen oder sogar noch kurz vor Ihrem Auftritt vom Publikum machen, um damit Ihren Vortrag zu würzen. Hintergründe sollten einfach sein, damit sie nicht ablenken, was nicht heißt, dass sie schwarz-weiß sein müssen. Wichtige Kriterien sind Einheitlichkeit und Lesbarkeit. Ein Farbverlauf als Hintergrund mag hübsch aussehen, ist aber unbrauchbar, wenn die letzten Textzeilen darin untergehen. Ein verfremdetes oder verschwommenes Bild als Hintergrund kann Ihren Folien Atmosphäre verleihen, freilich hilft Ihnen das nichts, wenn Ihr sorgfältig formulierter Text davor unlesbar wird. Sie können Ihren Hintergrund verfremden und verschwimmen lassen, indem Sie ihn beispielsweise mit dem Wasserzeichen-Tool Ihres Grafik- oder Präsentationsprogramms bearbeiten.

TIPP Wenn Sie alle Effekte eingefügt haben, sollten Sie Ihre Präsentation noch einmal als Ganzes betrachten und gegebenenfalls auf den einen oder anderen Effekt verzichten.

Zusammenfassung: PowerPoint

Computergenerierte visuelle Effekte können Ihrer Präsentation zusätzliche Ausdruckskraft verleihen. Achten Sie darauf, dass die grafischen Elemente den mündlichen Vortrag unterstützen, ohne ihn jedoch zu ersetzen oder in den Schatten zu stellen. Diese Zusammenfassung hilft Ihnen dabei, die Möglichkeiten Ihrer Software optimal zu nutzen und eine professionelle Präsentation zu erstellen.

PowerPoint gekonnt einsetzen

1 Einfachheit

- Achten Sie auf logische Folgerichtigkeit vom Anfang bis zum Ende
- Gliedern Sie die Präsentation in überschaubare Abschnitte und strukturieren Sie sie mit zusätzlichen »Überschriftenfolien«
- Befolgen Sie die Grundregel, wonach alles, was länger als eine Zeile ist, erzählt und nicht gelesen werden sollte
- Verwenden Sie Spezialeffekte mit Vorsicht, um Ihre Präsentation nicht zu überfrachten

2 Wirkung

- Fassen Sie Ihre Textfolien als »Bilder« auf, mit denen Sie Ihren mündlichen Vortrag illustrieren
- Beschränken Sie die Folientexte auf Zusammenfassungen, Stichworte, zentrale Fakten und Zahlen sowie Zitate; widmen Sie jedem Punkt eine eigene Folie
- Achten Sie auf Lesbarkeit – verwenden Sie nur eine Schriftart, einen ausreichend großen Schriftgrad und doppelte Zeilenabstände; lassen Sie den Rand frei
- Achten Sie auf korrekte Grammatik und Rechtschreibung

3 Spezialeffekte

Bringen Sie Zahlen und Statistiken mittels Grafiken zum Leben – geben Sie der Klarheit die höchste Priorität

Erhöhen Sie die visuelle Attraktivität Ihrer Präsentation mit Clipart-Elementen und Bildern, aber machen Sie daraus keinen Comic

Sie können verfremdete und verschwommene Bilder mit inhaltlichem Themenbezug als Hintergründe für Ihre Folien verwenden

Sie können Ihre Botschaft mit einfachen und unmissverständlichen Klangeffekten unterstreichen oder die Folienübergänge abwechslungsreich gestalten

4 Individuelle Gestaltung

Präsentieren Sie auf der ersten Folie den Titel Ihres Vortrags, Ort und Zeitpunkt der Veranstaltung und ein aussagekräftiges Logo

Stimmen Sie Ihre Beispiele auf die im Publikum vertretenen Berufssparten ab

Verwenden Sie Bilder von anwesenden Zuhörern, z. B. als »versteckte« Folien, die Sie in Reserve halten, falls ein Tempowechsel erforderlich sein sollte

Verwenden Sie geeignete Videoclips, beispielsweise die Grußbotschaft eines »Gastredners«

Ton und Animation

Ton- und Videoelemente lassen sich ebenso unkompliziert einfügen wie Clipart. Seitdem sich mit jedem handelsüblichen Handy Videoclips aufnehmen lassen, ist es eigentlich erstaunlich, wie wenig Präsentationen bislang Klang- und Bewegungselemente enthalten.

Ton hinzufügen

Um Ihre PowerPoint-Folien akustisch anzureichern, gehen Sie im Menü »Einfügen« zu »Film und Sound« und wählen eine geeignete Datei aus. Fügen Sie das Objekt Ihrer Folie hinzu (die Software lässt Ihnen die Wahl zwischen automatischem und manuell ausgelöstem Start). Es ist erstaunlich, wie mühelos sich bestimmte Klangmuster erkennen lassen. Homer Simpsons entsetztes »Neieiein!« oder bestimmte Quizshowjingles (melodiös für die richtige, grunzend für die falsche Antwort) eignen sich gut dafür, das Publikum bei Laune zu halten. Sie lassen sich auch mit visuellen Übergangseffekten kombinieren, um beispielsweise die nächste Folie anzukündigen. Wenn Klangeffekte in Ihrer Präsentation eine wichtige Rolle spielen, sollten Sie Lautstärke und Klangqualität vor Beginn checken.

Fallstudie: Klassische Effekte

Dolores leitete einen Pilotversuch im Direktmarketing, der sich als außerordentlich erfolgreich erwies. Sie suchte nach einer Möglichkeit, ihre Kollegen unverzüglich auf diese neue Chance aufmerksam zu machen; diese waren jedoch an tanzende Textzeilen und andere PowerPoint-Tricks gewöhnt. Dolores kopierte hingegen den klassischen Filmtrick mit der Zeitungsschlagzeile, die wirbelnd durch die Luft fliegt, bis sie klatschend auf dem Tisch landet. Um diesen Effekt zu imitieren, benötigte sie lediglich eine animierte Textüberschrift und den Klang einer auf dem Tisch aufschlagenden schweren Zeitung.

- *Der Effekt rief beim Publikum, das den klassischen Bezug verstand, ein amüsiertes Schmunzeln hervor.*
- *Dolores lernte, dass es sich auszahlte, jenseits der üblichen Effekte nach Möglichkeiten zu suchen, die eigene Botschaft zu untermalen.*

TIPP **Wenn Sie Musik oder Videos verwenden, müssen Sie sicherstellen, dass Sie keine Urheberrechtsverletzung begehen.**

Videos

Nicht nur mit Ton-, sondern auch mit Videoeinlagen können Sie Ihre Präsentation in vielfältiger Weise bereichern. Beispielsweise können Sie einen Gastredner über Video in Ihre Darbietung einbinden: So manches hochrangige Unternehmensmitglied ist möglicherweise viel zu beschäftigt, um an Ihrer Präsentation teilzunehmen, dabei aber sehr wohl bereit, Ihnen ein paar Minuten zu opfern und ein kurzes Videointerview zu geben – besonders, wenn Sie im Voraus planen und sich ganz nach den Terminwünschen des Betreffenden richten. Denken Sie an die Video-Dankesreden von Preisträgern, die bei der Preisverleihung nicht anwesend sein können. Videos eignen sich auch hervorragend zur Vorstellung von Produkten oder Dienstleistungen. Wenn Ihre Präsentation von einer völlig neuartigen Entwicklung handelt, können Sie sie mit einem Video in Form eines kurzen Dokumentarfilms dem Publikum vorführen. Textanimation lässt sich mit PowerPoint ebenfalls leicht bewerkstelligen. Klicken Sie auf »Bildschirmpräsentation«, dann auf »Benutzerdefinierte Animation« und schließlich auf »Effekt hinzufügen«.

Nutzen Sie zufriedene Kunden als Argument

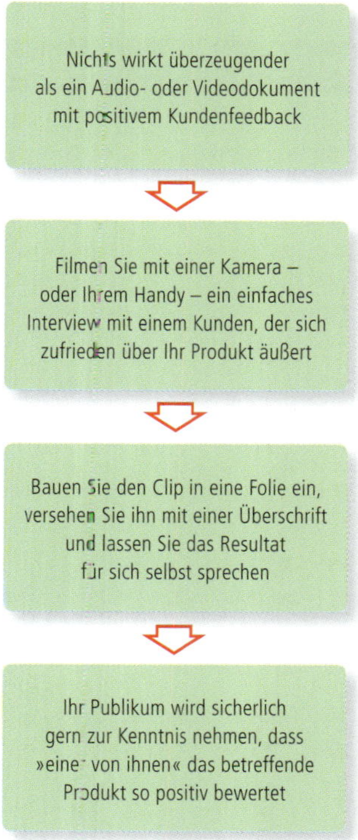

Professionelle Tipps

Die Omnipräsenz von PowerPoint-Präsentationen bedeutet, dass Sie mit Ihrer eigenen ebensolchen riskieren, im Bewusstsein des Publikums unter »ferner liefen« zu landen. Hier sind einige Tricks, mit denen Profis sich die Aufmerksamkeit des Publikums sichern.

Verleihen Sie Ihrer Präsentation exklusiven Charakter

Was in den meisten Situationen und bei fast jedem Publikum wirkt, ist der Trick, dem Publikum weiszumachen, die Präsentation wäre ausschließlich für diese eine Gelegenheit zusammengestellt worden. Umgekehrt schaltet das Publikum in der Regel ab, sobald es den Eindruck bekommt, es handele sich um eine von vielen Wiederholungen ein und derselben Präsentation. Seien Sie

Wie Sie Ihre Präsentation transportieren

USB-Sticks sind billig und passen an jeden Schlüsselring; dennoch finden auch große Präsentationen zusammen mit der passenden Vorführsoftware mühelos auf ihnen Platz. Auf diese Weise haben Sie stets eine Sofortpräsentation »griffbereit«. Das hat diverse Vorteile:

- Sie brauchen nicht Ihr eigenes Vorführgerät mitzubringen; es reicht, wenn Sie Ihren Stick in das vor Ort vorhandene Gerät stecken.
- USB-Sticks eignen sich sowohl für Mac- als auch für Windows-Geräte, sodass Sie sich um die Kompatibilität keine Gedanken zu machen brauchen.
- Einen Speicherstick aus der Tasche zu ziehen, ist sehr viel eleganter (und weniger beschwerlich), als einen Computer mitzuschleppen.
- Sie können einen USB-Stick auch für eine Sicherungskopie Ihrer Präsentation nutzen, damit Sie immer noch ein Exemplar haben, wenn das Original Schaden nimmt. Achten Sie darauf, dass die Sicherungskopie stets auf dem neuesten Stand ist.

Angesichts der fortschreitenden technischen Miniaturisierung stellt der USB-Stick möglicherweise das Präsentationswerkzeug der Zukunft dar.

Nützliche TECHNIKEN

Wenn Sie häufig Präsentationen halten, können Sie eine Vielzahl von simplen Techniken verwenden, um Ihre Darbietung jedes Mal neu und individuell zu gestalten:

1 Notieren Sie auf der ersten Folie Thema, Datum und die Namen der Anwesenden oder der durch sie vertretenen Unternehmen.

2 Beschaffen Sie sich im Voraus eine Kopie des Unternehmenslogos und fügen Sie es in die Folien ein oder verwenden Sie es als transparenten Hintergrund. Verzichten Sie auf geringauflösende Bilder, die auf der Leinwand in ihre Einzelpixel zerfallen.

3 Mit eingescannten Ausschnitten aus aktuellen Zeitungen und Wirtschaftsjournalen demonstrieren Sie auf simple Weise, dass Sie up to date sind.

4 Verwenden Sie in Ihrem Vortrag Bilder von Leuten aus dem Publikum. Wenn Sie regelmäßig Kontakt haben, ist das nicht schwer; andernfalls können Sie mit einer kleinen Kamera oder einem Handy vor Beginn der Veranstaltung Schnappschüsse anfertigen und in letzter Minute in die Präsentation einfügen.

also vorsichtig – besonders dann, wenn es sich tatsächlich um die Wiederverwertung einer bestehenden Präsentation handelt.

Gewinnen Sie Zeit

Versteckte Folien bieten die Möglichkeit, flexibel auf Zeitknappheit zu reagieren. Es handelt sich um Folien, die Sie in Reserve halten und mit einem Tastendruck gezielt sichtbar machen können. Entwerfen Sie Ihre Folien und klicken Sie dann im Menü »Bildschirmpräsentation« auf »Folie ausblenden«. Die Folie erscheint in Ihrer Folienübersicht, wird aber bei der Präsentation übersprungen, es sei denn, Sie drücken, während die Folie davor angezeigt wird, die Taste »h«.

TIPP **Mit der Taste »b« können Sie die Leinwand vorübergehend abdunkeln, wenn Sie einen Exkurs einschieben wollen.**

5

Das Publikum

Unerfahrenen und nervösen Vortragenden fällt es mitunter schwer, ihre Angst vor dem Auftritt zu überwinden. Vor lauter Konzentration auf das Unvermeidliche vergessen sie das Publikum. Indem Sie Ihre Präsentation gezielt auf die Bedürfnisse des Publikums abstimmen, erhöhen Sie ihren Nutzwert, sichern sich eine bessere Rezeption und verwandeln das Publikum in eine Stütze für Ihr Unterfangen. In diesem Kapitel lernen Sie, wie Sie:

- die Stimmung des Publikums erkennen und ihm geben, was es sich wünscht,
- mit der Menge interagieren,
- Fragen souverän beantworten,
- Zwischenrufer in Schach halten,
- die Reaktion einschätzen und einen geschmeidigen, professionellen Abgang hinlegen.

Erkennen Sie die Stimmung

Wenn Sie Ihre Hausaufgaben bis hierhin gemacht haben, wissen Sie bereits ziemlich genau, wer aus welchem Grund im Publikum sitzt. Jetzt müssen Sie noch die Stimmungslage ermitteln.

Bereiten Sie sich vor

Versuchen Sie, die Erwartungen der Zuhörer im Voraus abzuschätzen. Wenn Sie Zugang zu einer Besucherliste haben – bei großen Konferenzen kann Ihnen der Veranstalter in der Regel eine zur Verfügung stellen –, können Sie eine Rundmail herumschicken und die Betreffenden zu ihren Erwartungen befragen. Wenn Sie verwertbare Antworten erhalten, können Sie Ihre Inhalte entsprechend anpassen; wenn nicht, beweisen Sie mit Ihrer Mail zumindest, dass Sie sich um eine zielgruppengerechte Präsentation bemühen, und das allein wird Ihr Publikum bereits aufnahmebereiter stimmen.

Demonstrieren Sie Nähe zu Ihrem Publikum und es wird Ihnen aufmerksamer zuhören.

Sprechen Sie einzelne Zuhörer an

Bei kleinen und informellen Präsentationen können Sie versuchen, einzelne Zuhörer im Vorwege anzusprechen und nach ihrer Einstellung zu den Vortragsthemen zu befragen. Zeigen Sie ihnen, wie viel Wert Sie auf ihre Meinung legen. Auf dieser Grundlage können Sie nicht nur Ihre Präsentation weiter ausfeilen; die Interviewten werden zudem, wenn sie ihren eigenen Beitrag wiedererkennen, wohlwollender zuhören. Halten Sie, bevor Sie die Bühne betreten, einen kurzen Plausch mit dem einen oder anderen Zuhörer. So wissen Sie, wie neugierig, gelangweilt oder widerwillig der Betreffende dem Vortrag entgegensieht, und Sie können seinen Namen in der Präsentation fallen lassen: »Ich bin sicher, dass sich einige von Ihnen, wie Mira hier, mehr Sorgen wegen X als wegen Y machen.« So vermeiden Sie den Eindruck, dass Sie lediglich Informationen und Ideen über dem Publikum ausschütten. Mira jedenfalls wird von diesem Moment an sicherlich noch aufmerksamer zuhören.

TIPP **Wenn das Publikum unbeteiligt wirkt, sollten Sie es nach den Gründen fragen. Indem Sie gezielt einen Zuhörer ansprechen, wecken Sie auch alle übrigen auf.**

Die Stimmung en passant einschätzen

Versuchen Sie, die Stimmung im Raum zu erfassen, ohne Ihren Vortrag zu unterbrechen. Folienübergänge sind nicht nur eine PowerPoint-Technik, sondern sie geben Ihnen die Möglichkeit, sich umzuschauen und abzuschätzen, ob Sie zu schnell oder zu langsam sind. Sie könnten beispielsweise sagen: »So viel zum Thema Veränderungsmanagement; sind Sie alle einverstanden, dass wir jetzt zum Thema Prozeduren übergehen?« Damit fördern Sie zum einen die Interaktion; und zum anderen helfen Sie Ihren Zuhörern, die Struktur Ihres Vortrags zu erkennen und sich auf den jeweiligen Abschnitt zu konzentrieren.

Think SMART

Verzichten Sie darauf, die Stimmung Ihrer Zuhörer zu erraten – fragen Sie sie geradeheraus. Damit regen Sie sie zugleich an, sich darüber klar zu werden, inwieweit die Präsentation ihre Wünsche und Erwartungen erfüllt.

- Die an alle Zuhörer gerichtete Frage, warum sie dieser Präsentation beiwohnen, eignet sich hervorragend als Aufwärmübung.
- Mit dieser unmittelbaren Ansprache werden Sie Ihre Zuhörer überraschen – und sich ihre Aufmerksamkeit sichern.
- Die Zuhörer geben sich wechselseitig zusätzliche Impulse, warum es wichtig sein könnte, dieser Präsentation aufmerksam zuzuhören.

Selbst wenn dabei herauskommt, dass der Besuch Ihres Vortrags für die Zuhörer zum Pflichtprogramm gehört, hilft eine solche Frage, Widerstände abzubauen und eine positive Atmosphäre zu schaffen.

Finden Sie in Ihre Rolle

Im Rahmen Ihrer Vorüberlegungen haben Sie sich bereits gefragt, wer Sie in den Augen Ihrer Zuhörer sind – die Führungskraft, die Autorität, der Entertainer oder »einer von ihnen«. Jetzt ist es an der Zeit, dass Sie in Ihre Rolle schlüpfen.

Fragen Sie sich, wer Sie sind

Entscheidend für die Frage, in welcher Rolle Sie vor Ihr Publikum treten, ist, ob die Zuhörer Sie bereits kennen. Es kann beruhigend sein, vor vertrauten Gesichtern aufzutreten, aber das bedeutet auch, dass Ihr Charakter bereits festgelegt ist. Wenn Sie der Büroneuling sind, fällt es Ihnen möglicherweise schwer, Respekt einzufordern und die Präsentation mit der nötigen Autorität vorzutragen. Andererseits bietet gerade diese Präsentation die Gelegenheit dazu, den bisherigen Eindruck zu revidieren. Fragen Sie sich selbst:

- Welchen Eindruck haben die Zuhörer hier von mir als Menschen?
- Wie hoch schätzen sie meine Autorität ein?

Bringen Sie den Experten mit Wenn Sie denken, dass eine erfahrenere Stimme nützlich sein könnte, um gewisse Punkte Ihrer Präsentation zu unterstreichen, bringen Sie einfach einen Gast mit.

Holen Sie sich die Autorität

Wenn Sie das Publikum beeindrucken wollen, aber Sorge haben, dass man Sie für zu leichtgewichtig hält, können Sie sich Autorität von anderer Stelle borgen:

- ➡ Greifen Sie auf Gaststars zurück, und sei es in Form von Zitaten höhergestellter Personen aus Ihrem Unternehmen.
- ➡ Untermauern Sie Ihre Behauptungen mit präzisen Verweisen auf Experten und Ereignisse, um deutlich zu machen, dass Sie gründlich und umfassend recherchiert haben.

Wenn Sie hingegen das Gefühl haben, als abgehoben wahrgenommen zu werden, können Sie Ihren Vortrag mit auflockernden Elementen anreichern:

- ➡ Widerstehen Sie aber der Versuchung, Witze zu erzählen – beginnen Sie stattdessen mit einem Zitat aus einer weniger ernsthaften Quelle.
- ➡ Ein passendes Zitat aus der Tagespresse oder ein Gerücht aus der Glamourwelt sind besonders geeignet, mehr Leichtigkeit in den Vortrag zu bringen.

- Wie hoch schätzen sie meinen Kenntnisstand ein?

Achten Sie sorgsam darauf, welchen Einfluss diese Punkte auf Ihre Publikumswirkung haben. Die Rolle als leutseliger Typ »aus den eigenen Reihen« mag hilfreich sein, wenn es darum geht, neue Prozeduren vorzustellen und Anordnungen von oben zu verkünden. Sobald Sie aber eigene Initiativen präsentieren, wird sich ein solches Image eher als Hindernis erweisen.

Setzen Sie Humor mit Bedacht ein

So entspannend es ist, ein Publikum lachen zu hören – vergessen Sie nicht, dass es in erster Linie um Ihre Botschaft geht. Präsentieren Sie keine Witze, sondern Anekdoten und Folien mit lustigen Dingen, die andere vollbracht haben, um die Aufmerksamkeit von Ihrer eigenen Person abzulenken.

> **Wir kommunizieren mit Leidenschaft, und Leidenschaft überzeugt.**
>
> Anita Roddick

Interaktion mit dem Publikum

Wenn Sie jemals eine Bühnenshow besucht haben, bei der Zuschauer auf die Bühne zitiert wurden, wissen Sie, wie sich die Atmosphäre augenblicklich ändert, sobald den Leuten die Gefahr bewusst wird, dass sie womöglich aktiv in das Geschehen hineingezogen werden.

Operieren Sie mit Überraschungen

Eine kleine Interaktion mit dem Publikum kann bei richtiger Anwendung:

- Ihre Person etwas aus dem Rampenlicht herausrücken,
- die Aufmerksamkeit des Publikums maximal steigern,
- zeigen, dass Sie Ihre Themen auf Ihr Publikum zugeschnitten haben.

Indem Sie Zuhörer auf die Bühne bringen, bewirken Sie zweierlei: Sie sind dort nicht mehr allein, und weil jeder befürchten muss, als Nächster nach vorne gebeten zu werden, passen alle besser auf. Das ist unter Umständen sehr lustig. Überlegen Sie, wie Sie die Zuhörer einbeziehen können:

- Bitten Sie einen Freiwilligen zu sich – um Schreibarbeit zu übernehmen oder das Versuchskaninchen zu spielen. Das gibt Ihnen Sicherheit.
- Zitieren Sie nach Belieben Versuchskaninchen nach vorn – so passen alle besser auf, weil das Los auch sie treffen könnte.
- Lesen Sie die Namen von Anwesenden vor und bitten Sie sie zu sich, um eine Frage zu beantworten, ein Detail zu erklären oder an einem improvisierten Spiel teilzunehmen.
- Befestigen Sie Briefumschläge unter einigen Sitzen und fordern Sie diejenigen, die darauf sitzen, auf, je nach Inhalt des Umschlags eine Aufgabe auszuführen oder Ihnen behilflich zu sein.

5 Minuten Lösung

Behalten Sie bei Rollen- und anderen Spielen die Kontrolle über die Situation, indem Sie:

- im Voraus ausführlich erklären, was Sie vorhaben, bevor Sie Zuhörer auf die Bühne bitten,
- sich die Zeit nehmen, die Situation während des Spiels zu ordnen und zu beruhigen, falls erforderlich.

TIPP **Direkt nach der Mittagspause sind die Zuhörer etwas müde. Beginnen Sie mit einem Paukenschlag und lassen Sie keinen Zweifel daran, dass es Interaktionen geben wird.**

Beteiligen Sie alle Zuhörer

Nicholas Negroponte, Professor für Medientechnologie am MIT, hält regelmäßig Vorträge zum Thema Kommunikation. Eine seiner Interaktionen besteht darin, das gesamte Publikum in die Hände klatschen zu lassen und zu sehen, wie lange es braucht, um einen gemeinsamen Rhythmus zu finden (was erstaunlich schnell geschieht – häufig in weniger als einer Minute). Mit einer simplen Party-Animationsnummer illustriert er unsere Fähigkeit, mit wildfremden Menschen auf einen harmonischen Nenner zu kommen. So gelingt es ihm auch, das gesamte Publikum zu beteiligen, ohne irgendjemanden in Verlegenheit zu bringen. Es braucht dazu weder Requisiten noch Vorbereitung und es funktioniert mit jeder Gruppe und in jedem Land.

Fallstudie: Freiwillige einbeziehen

Der Akademiker Jules veranstaltete ambitionierte wissenschaftliche Vorführungen. Sie wurden mit respektvollem Schweigen, aber ohne große Begeisterung aufgenommen. Jules kam zu dem Schluss, dass er daran nur etwas ändern konnte, indem er das Publikum stärker beteiligte. Bei der nächsten Präsentation bat er jemanden aus dem Publikum, eine Wurst zu halten, über die er flüssigen Stickstoff goss. Die Wurst gefror, und als das Publikum dies bemerkte, goss er seinem Helfer den Stickstoff gleich auch noch über die Hand. Auf ein plötzliches Luftholen folgte erleichtertes Auflachen, als das Publikum begriff, dass die Hand nicht erfroren war. Das »Experiment« sorgte während der Kaffeerunde nach der Veranstaltung für lebhafte Diskussionen.

- *Jules lernte, dass eine Prise Witz und Humor beim Publikum weit besser ankommt als noch so viele Fakten.*
- *Dass das Experiment unter Beteiligung eines Versuchskaninchens aus den eigenen Reihen erfolgte, bewies dem Publikum, dass selbst seriöse Wissenschaft amüsant und unterhaltend sein kann.*

Handouts

Handouts können für Ihre Präsentation sehr hilfreich sein, sie ermuntern die Zuhörer dazu, sich Notizen zu machen, und sind mitunter Anlass, sich noch an Sie und Ihre Präsentation zu erinnern, nachdem die Stühle längst weggeräumt wurden.

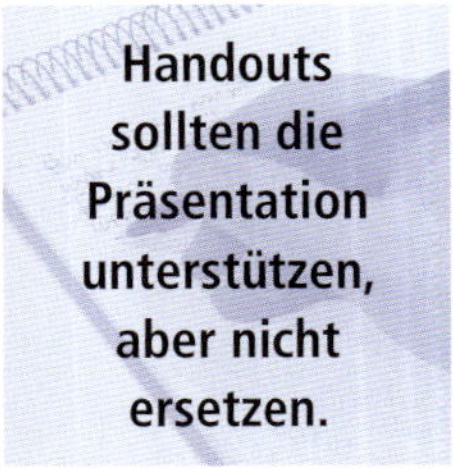

Vergessen Sie nicht, auf dem Handout Ihre Kontaktdaten und, soweit angebracht, die im Vortrag erwähnten Unternehmen und Personen zu verzeichnen. Wenn Sie wollen, dass sich die Zuhörer Notizen machen, sollten Sie nur die obere Hälfte der Seite bedrucken.

Sichern Sie sich die Aufmerksamkeit des Publikums

Erinnern Sie sich noch an Ihre Schulzeit, als Sie das Buch an einer bestimmten Stelle aufschlagen und lesen sollten, während der Lehrer gleichzeitig sprach? Vermeiden Sie solche Situationen bei Ihrer Präsentation. Selbst wenn Ihre Handouts den meisten Stoff abdecken, sollte es in Ihrem Vortrag Stellen geben, an denen Sie das Publikum bitten, alles aus der Hand zu legen und Ihnen mit ganzer Aufmerksamkeit zuzuhören. Verteilen Sie Ihre Handouts nach Möglichkeit erst während der Veranstaltung, um zu vermeiden, dass das Publikum vorausliest.

Lassen Sie sich alle Möglichkeiten offen

Erwägen Sie die Möglichkeit, Ihre PowerPoint-Präsentation als vollständigen Ausdruck bereitzuhalten. Je nach Stimmung des Publikums können Sie dann entscheiden, ob Sie die vorbereiteten Folien nutzen wollen oder ob Sie Ihren Vortrag lieber aus dem Stegreif halten. Alles, was Sie nicht erwähnen, ist dann immer noch im Ausdruck enthalten, den die interessierten Zuhörer nach der Veranstaltung mitnehmen können.

TIPP Die meisten Softwareprogramme können mehrere Folien auf eine Seite drucken.

Handouts verteilen

Überlegen Sie einen Augenblick, wie und wann Sie Ihre Handouts verteilen wollen. Sollen die Zuhörer gleich zu Beginn ein Exemplar erhalten, oder ist es besser, damit bis zum Schluss zu warten?

Möglicherweise bietet es sich auch an, zwischen zwei Themen eine Zäsur zu machen, die Sie dazu verwenden können, Ihre Handouts unters Volk zu bringen. Sie können die Handouts sogar zum Gegenstand der Publikumsbeteiligung machen, indem Sie unterschiedliche Handouts für unterschiedliche Zuhörergruppen vorbereiten und es diesen selbst überlassen, sich die richtige Version herauszusuchen.

- ➡ Verteilen Sie keine Ausdrucke Ihrer Folien zu Beginn der Veranstaltung, damit die Zuhörer nicht vorzeitig bis zu Ihren Kernpunkten vorblättern, die Sie ihnen erst im weiteren Verlauf präsentieren wollten.
- ➡ Eine Ablaufskizze Ihrer Präsentation – beispielsweise mit den Folienüberschriften – ermuntert die Zuhörer unter Umständen, sich Notizen zu machen, um sich die Details besser merken zu können. Wenn Sie wollen, können Sie dann zum Ende der Veranstaltung ein vollständiges Handout nachreichen.
- ➡ Wenn Sie die zweite Option wählen, verraten Sie Ihren Zuhörern besser nichts davon, um ihnen nicht den Antrieb zu nehmen, sich Notizen zu machen.

Binden Sie die Aufmerksamkeit des Publikums an sich Selbst wenn sich Ihre Zuhörer Notizen machen und das Handout betrachten, ist es wichtig, dass sie den Großteil ihrer Aufmerksamkeit Ihnen schenken.

Fragen aus dem Publikum

Es wird der Augenblick kommen, an dem das Publikum Fragen stellt – sei es in Form gelegentlicher Zwischenrufe oder in einer eigens angesetzten Fragerunde. Hier sind einige Tipps, wie Sie darauf am besten reagieren.

Denken Sie voraus

Überlegen Sie im Voraus, welche Fragen wahrscheinlich sind, und legen Sie sich Antworten zurecht. Wenn Sie wissen, dass Sie in einem bestimmten Bereich eher schwach sind, aber einen bewanderten Kollegen im Publikum sitzen haben, können Sie die entsprechenden Fragen an ihn weiterreichen – wobei Sie ihn vorwarnen sollten, dass Sie einen solchen Schritt erwägen. Vielleicht sollten Sie ihn als Gastredner in Ihre Präsentation einbeziehen. Wenn Frage und Antwort sich hinziehen oder es sich um ein diffiziles Thema handelt, bei dem Sie sich nicht festlegen wollen, können Sie auf den beschränkten Zeitrahmen dieser Fragestunde verweisen und vorschlagen, das Thema zurückzustellen und im Anschluss zu behandeln.

Antworten Sie aufrichtig

Wenn Sie die Antwort auf eine Frage nicht wissen, sollten Sie nicht bluffen oder abwiegeln. Sagen Sie ehrlich, dass Sie die Antwort nicht parat haben, dass Sie sich aber darum bemühen werden und sie dem Fragesteller zukommen lassen werden. Halten Sie Ihr Versprechen ein. Gehen Sie im Anschluss an die Veranstaltung auf den Fragesteller zu,

Das ABC des Antwortens

Honorieren Sie Fragen mit »Gute Frage« oder »Ich teile Ihre Sorge bezüglich ...«

↓

Leiten Sie über zu Ihrem eigenen Punkt: »Und weil ich Ihre Sorge teile, will ich jetzt auf ... zu sprechen kommen«

↓

Versuchen Sie, unverzüglich wieder festen Boden unter die Füße zu bekommen, und setzen Sie Ihre Präsentation fort

↓

Wenn Sie von Fragestellern unterbrochen werden, können Sie vorschlagen, dass Sie zuerst zu Ende vortragen, für den Fall, dass die Fragen damit bereits beantwortet sind

Nützliche TECHNIKEN

Wenn Sie Sorge haben, dass man Ihnen zu schwere Fragen stellen wird, können Sie im Vorweg die folgenden Techniken ausprobieren. Dann gehen Sie mit mehr Zuversicht in die Fragerunde:

1 Sie können nicht jede Frage recherchieren. Beschränken Sie sich auf die zehn, fünfzehn Fragen, die am wahrscheinlichsten sind, und bereiten Sie sich darauf vor.

2 Bitten Sie einen zuverlässigen Kollegen im Publikum, sich für den Fall bereitzuhalten, dass Sie einmal keine Worte finden.

3 Geben Sie die Frage ans Publikum weiter und bitten Sie um Beteiligung: »Das ist eine interessante Frage – vielleicht möchte jemand von Ihnen dazu etwas anmerken?«

4 Wenn Sie wirklich nicht antworten können, sollten Sie dies offen aussprechen – und zugleich anbieten, sich darum im Anschluss zu kümmern.

notieren Sie seine Kontaktdaten und nennen Sie einen Termin, bis zu dem Sie sich melden werden. Nutzen Sie diesen Aufschub, um die Antwort zu ermitteln. Selbst wenn Sie eine Antwort einmal schuldig bleiben müssen, präsentieren Sie sich doch als seriös und professionell – und Sie müssen dieses Eingeständnis nicht vor der versammelten Mannschaft machen.

Seien Sie furchtlos

Haben Sie keine Angst vor der Fragerunde. Niemand lässt sich gern auf dem falschen Fuß erwischen, aber hier geht es oft nur um die Angst, allein im Rampenlicht zu stehen. Bereiten Sie sich sorgfältig auf die Fragen vor. Laden Sie andere ein, sich mit Ihnen ins Rampenlicht zu stellen, und stellen Sie Ihrerseits Fragen ans Publikum, um sich selbst etwas aus der Schusslinie zu nehmen und stattdessen eine von Ihnen moderierte Diskussion zu initiieren.

TIPP **»Gute Frage« verschafft Ihnen Zeit zum Nachdenken, aber eine konkretere Formulierung wie »Die Aktienkursthematik betrifft uns alle« klingt sehr viel professioneller.**

Zusammenfassung: Interaktion mit dem Publikum

Wenn Sie nervös oder unerfahren sind, besteht die Gefahr, dass Sie so in sich gekehrt und auf Ihren bevorstehenden Spießrutenlauf konzentriert sind, dass Sie das Publikum ganz aus den Augen verlieren – dabei sind Sie ausschließlich wegen des Publikums hier. Nutzen Sie diese Zusammenfassung und treten Sie mit dem Publikum in einen lebhaften und positiven Austausch.

Wege der Interaktion

1 Bauen Sie Brücken

- Schneiden Sie Ihre Präsentation auf die Erwartungen des Publikums zu – das Publikum wird es Ihnen mit erhöhter Aufmerksamkeit danken
- Machen Sie sich im Voraus klar, auf welche Zuhörer es ankommt, und gestalten Sie Ihren Vortrag für sie besonders ansprechend
- Gliedern Sie Ihre Präsentation in überschaubare Abschnitte und bitten Sie im Anschluss an jeden Abschnitt um Feedback
- Untermauern Sie Ihren Vortrag mit Handouts – nutzen Sie Pausen oder Übergänge dazu, sie auszuteilen

2 Lesen Sie die Stimmung

- Wenden Sie sich Ihrem Publikum zu – sprechen Sie nicht »gegen die Wand«, wenn Sie mit Flipcharts, Whiteboards oder anderen Hilfsmitteln arbeiten
- Versuchen Sie, zu jedem Zuhörer irgendwann im Verlauf der Präsentation Blickkontakt herzustellen
- Fragen Sie die Zuhörer, warum sie gekommen sind und was sie von dieser Veranstaltung mitzunehmen gedenken, wenn sie uninteressiert wirken
- Wenn Sie in den Augen des Publikums eine Autoritätsperson sind, sollten Sie versuchen, die Stimmung aufzulockern

3 Stellen Sie andere ins Rampenlicht

Beziehen Sie das gesamte Publikum ein – wer damit rechnen muss, ins aktive Geschehen hineingezogen zu werden, passt besser auf

Stärken Sie die Beziehung zum Publikum, indem Sie einen Freiwilligen bitten, für Sie die Schreibarbeit am Whiteboard zu übernehmen

Setzen Sie einzelne Zuhörer als Versuchskaninchen ein oder platzieren Sie »Ihren« Experten im Publikum

Versuchen Sie einen Partytrick, an dem das gesamte Publikum teilhat – das kann bei einem schwächelnden Publikum Wunder wirken

4 Fragen und Antworten

Nehmen Sie die Fragen aufmerksam zur Kenntnis, honorieren Sie sie und wiederholen Sie sie für das Publikum mit eigenen Worten

Zeigen Sie, dass Sie Ihre Hausaufgaben gemacht haben, indem Sie sich für die wahrscheinlichsten Fragen Antworten zurechtlegen

Reagieren Sie aufrichtig, wenn Sie eine Frage nicht beantworten können – leiten Sie sie an einen gut informierten Kollegen weiter oder stellen Sie sie hintan

Kümmern Sie sich nach der Veranstaltung um die ungelösten Fragen und holen Sie sich vom Publikum Feedback

Zwischenrufe

Komiker überziehen Zwischenrufer mit Spott: nicht gerade eine Option für den professionellen Vortragenden. Politiker müssen die Zwischenrufe zur Kenntnis nehmen und gleichzeitig verhindern, dass sie von ihrer eigenen Aussage ablenken.

Finden Sie heraus, von wem der Zwischenruf stammt

Nicht alle Zwischenrufer sind gleich. Wenn jemand während Ihrer Präsentation damit beginnt, Einwürfe zu machen, versuchen Sie festzustellen, ob sich derjenige möglicherweise nur wichtig machen will. Es gibt zwei Arten von Störungen – die unbewussten, wenn jemand laut flüstert oder ins Telefon spricht, und die bewussten, wenn jemand in freundlicher oder unfreundlicher Absicht seine Stimme erhebt, vor Begeisterung nicht die Fragenrunde abwarten kann oder irgendeinem Ärger Luft machen muss. Letztere sind für den Vortragenden am schwierigsten.

Bleiben Sie ruhig

Lassen Sie sich nicht aus der Ruhe bringen und versuchen Sie nicht, sich argumentativ zu rechtfertigen – es handelt sich um eine Präsentation und nicht um eine Debatte. Versuchen Sie stattdessen Folgendes:

- Bei Flüsterern und Telefonierern reicht es meist zu schweigen, bis der Betreffende merkt, dass alle warten, bis er endlich fertig ist. Dazu passt sogar ein Lächeln. Meist wird er anschließend umso aufmerksamer zuhören.

Wählen Sie Ihre Taktik

POSITIVE WIRKUNG

- Bringen Sie das Publikum dazu, über den Zwischenrufer zu lachen
- Isolieren Sie den Störenfried vom übrigen Publikum
- Stellen Sie die Frage hintan und fahren Sie unbeirrt fort

NEGATIVE WIRKUNG

- Mit dem Zwischenrufer eine Diskussion beginnen
- Grob oder überempfindlich reagieren
- Den Zwischenrufer – erfolglos – zu ignorieren versuchen

TIPP **Lassen Sie sich von jedem, dessen Frage Sie nicht beantworten können, Namen, Abteilung und Firma oder dergleichen nennen. Nehmen Sie keine anonymen Fragen entgegen.**

- Bei absichtlichen Unterbrechungen sollten Sie höflich, aber entschieden darauf hinweisen, dass es sich um Ihre Präsentation handelt. So können Sie beispielsweise einen Blick auf die Tagesordnung werfen, um festzustellen, dass tatsächlich Sie gegenwärtig an der Reihe sind und nicht der Störenfried.
- Bestehen Sie darauf, dass dies kein Debattierklub ist. Bieten Sie an, das Thema mit dem Betreffenden später zu behandeln.
- Wenn es sich um einen hartnäckigen Störenfried handelt, mobilisieren Sie Hilfe. Fragen Sie einen freundlich wirkenden Zuhörer – oder das gesamte Publikum, wenn Sie sich Ihrer Sache sicher sind –, ob er oder es dergleichen Ansicht wie der Zwischenrufer ist. Zwischenrufer fühlen sich gern als Sprecher der Menge, mit Ihnen als einzigem Angriffsziel. Indem Sie sich Ihrerseits an die Runde wenden, drehen Sie den Spieß um, und plötzlich steht der Störenfried als derjenige da, der die Zeit der Anwesenden vergeudet.

> **Fragen sind der Beitrag des Publikums zu einer Präsentation.**

Umgang mit schwierigen Fragen

Der Albtraum eines jeden Vortragenden ist der Zwischenrufer, der einen wunden Punkt trifft und die eine große Frage stellt, auf die Sie nicht vorbereitet sind. Verfallen Sie nicht in Panik. Sie müssen die Frage nicht unbedingt beantworten – und wenn doch, dann nicht notwendigerweise hier und jetzt. Wenn es eine entscheidende Frage gibt, vor der Sie Angst haben, können Sie überlegen, wer sie in welcher Situation am besten beantworten könnte – und die richtige Situation ist vermutlich nicht mitten in Ihrer Präsentation. Sobald die Frage zur Sprache kommt, können Sie anbieten, die betreffende Person ausfindig zu machen und eine Begegnung zu arrangieren.

Feedback

Die Präsentation ist zu Ende. Aber war sie ein Erfolg? In manchen Fällen wird dies binnen weniger Tage deutlich, wenn beispielsweise ein Geschäft tatsächlich zustande kommt. In anderen Fällen lässt sich das schwer sagen, es sei denn anhand ganz bestimmter Kriterien.

Feedback einholen

Das wichtigste Feedback, das die Fachleute auch als »Take-away« bezeichnen, betrifft die Frage, wie Sie beim Publikum angekommen sind und wie Sie Material und Präsentation eventuell noch verbessern können. Dazu gehört mindestens, dass Sie Kollegen und Freunde fragen: »Nun, wie war ich?« Der Haken daran ist, dass Sie auf diese Weise an lauter Leute geraten, die sich bemühen werden, das zu sagen, was Sie gern hören wollen. Ein vollständiges Bild erhalten Sie nur, wenn Sie sich erneut an Ihre Zuhörer wenden und sie nicht nur fragen, ob ihnen die Präsentation gefallen hat, sondern prüfen, ob sie sich die Kernaussagen gemerkt haben. Dazu

Stellen Sie die richtigen Fragen

Zu vielen Präsentationen wird ein Feedback-Fragebogen verteilt, den die Teilnehmer anschließend ausfüllen und einsenden können. Der Wert des Fragebogens hängt wesentlich von der Sorgfalt ab, mit der die Fragen formuliert wurden.

In der einfachsten Variante werden die Zuhörer gebeten, Inhalt, Präsentation und Unterhaltungswert anhand einer Skala zu beurteilen.

- ➡ Ankreuzkästchen und Ja/Nein-Fragen erfordern wenig gedanklichen Aufwand. Wenn Ihnen ein Teilaspekt der Präsentation besonders wichtig ist, sollten Sie eine konkrete Frage stellen, die sich nicht mit »Ja« oder »Nein« beantworten lässt, sondern eine detailliertere Erwiderung erfordert.
- ➡ Machen Sie sich die Mühe, ein aussagefähiges Feedback einzuholen (und damit auch einen bestimmten Eindruck zu hinterlassen), indem Sie einige Zeit später ein E-Mail-Quiz herumschicken, um festzustellen, was längerfristig beim Publikum hängen geblieben ist.

Knüpfen Sie beim Kaffee Kontakte Das Beisammensein im Anschluss an die Präsentation bietet eine gute Gelegenheit, um Beziehungen zu vertiefen und Feedback einzuholen.

können Sie die Teilnehmer nach der Veranstaltung ansprechen und zu ihren Eindrücken befragen. So ernten Sie ein beiläufiges Feedback, das jedoch nur von begrenzter Aussagekraft ist. Wenn Sie wissen wollen, wie viel bei den Zuhörern insgesamt angekommen ist, sollten Sie eventuell einen Fragebogen verteilen.

Beißen Sie in den sauren Apfel

Es ist vollkommen nachvollziehbar, wenn Sie nach der Präsentation mit den besonders freundlichen Zuhörern plaudern möchten; zweckmäßiger wäre jedoch das genaue Gegenteil. Indem Sie geradewegs zu den Zwischenrufern und denen gehen, die Ihren Vortrag mehr oder weniger schlafend überdauert haben, demonstrieren Sie eine Einsatzbereitschaft, mit der sie den einen oder anderen zu guter Letzt womöglich doch noch für Ihre Sache gewinnen können.

TIPP **Die Chancen, dass Ihr Fragebogen auch wirklich beantwortet wird, steigen, wenn Sie den Einsendern einen Preis oder eine Belohnung in Aussicht stellen.**

Souveräner Abgang

Damit, dass Sie die letzte Folie gezeigt, das Wesentliche noch einmal zusammengefasst und dem Publikum gedankt haben, ist die Präsentation noch nicht zu Ende. Wenn Sie einen wirklich guten Eindruck hinterlassen wollen, müssen Sie noch ein paar Dinge beachten.

Bleiben Sie am Ball

Gehen Sie Fragen nach, die unbeantwortet geblieben sind. Wenn Sie dem Fragesteller beschieden haben, dass Sie sich später um sein Anliegen kümmern werden, dann sollten Sie ihn jetzt aufsuchen und wenigstens ein paar Worte mit ihm wechseln.

> **Die letzte Phase der Präsentation ist diejenige, die dem Publikum in Erinnerung bleibt.**

Halten Sie sich für weitere Fragen bereit. Sie können eine gelungene Präsentation noch im Nachhinein ruinieren, indem Sie sich aus dem Staub machen, solange noch Zuhörer darauf warten, Sie ansprechen zu können, und sei es, um Ihnen zu sagen, wie gut ihnen Ihr Vortrag gefallen hat. Mimen Sie nicht die Diva – mischen Sie sich unters Volk und Sie werden viele Fans gewinnen.

Haben Sie die Erwartungen wichtiger Zuhörer erfüllt? Gehen Sie jetzt zu den Betreffenden hin und fragen Sie, ob deren Fragen und

Think SMART

Wenn Sie einen drängenden Termin haben, aber nach der Veranstaltung nicht allzu unhöflich verschwinden wollen, sollten Sie sich im Voraus ein geeignetes Szenario zurechtlegen.

- Sagen Sie dem Veranstalter, dass Ihnen im Anschluss nur 40 Minuten bleiben, und bitten Sie ihn, einige geeignete Gesprächspartner in der Nähe zu versammeln.
- Bitten Sie den Veranstalter, mit dafür zu sorgen, dass Sie rechtzeitig wegkommen.
- Wenn Sie sich vom Veranstalter zum Ausgang geleiten lassen, fällt es den Zuhörern leichter, Ihren vorzeitigen Abgang nicht persönlich zu nehmen.

> **Auf jede Rede, die Sie halten, kommen in Wahrheit drei Reden: eine, die Sie einstudiert haben, eine zweite, die Sie gehalten haben, und eine dritte, die Sie am liebsten gehalten hätten.**
>
> Dale Carnegie

Sorgen gebührend berücksichtigt wurden. Damit machen Sie deutlich, wie viel Ihnen an der Reaktion des Publikums gelegen ist, und Sie erhalten möglicherweise wertvolle Stichworte für Ihre nächste Präsentation.

Bleiben Sie zum Mittagessen. Wenn im Anschluss an die Präsentation ein Mittagessen, eine Kaffeepause oder ein Cocktailempfang angesetzt ist, sollten Sie selbst dann bleiben, wenn anderswo Ihre Freunde auf Sie warten. Ihre Zuhörer werden in der lockeren Atmosphäre eher den Mut finden, Sie anzusprechen und Ihnen Lob und Kritik mitzuteilen. Es ist eine willkommene Gelegenheit, Ihr Image beim Publikum weiter aufzupolieren.

Bevor Sie gehen

Leihen Sie zuerst denjenigen Ihr Ohr, die es am wenigsten abwarten können, ihre Fragen loszuwerden

↓

Machen Sie anschließend die Runde bei den wichtigsten Zuhörern

↓

Kümmern Sie sich sodann, wenn die Zeit es zulässt, um diejenigen, die sich weniger interessiert gezeigt haben

↓

Nutzen Sie zuletzt die Gelegenheit, dem Vorsitzenden beziehungsweise dem Veranstalter persönlich zu danken

Denken Sie ans nächste Mal

Auch wenn Sie es nicht erwarten können, dass alles vorbei ist, sollten Sie sich der Tatsache stellen, dass dies aller Wahrscheinlichkeit nach nicht Ihre letzte Präsentation gewesen ist. Verschließen Sie sich Problemen und Kritik gegenüber nicht nach dem Motto: »Nie wieder!« Wenn die Dinge anders als geplant gelaufen sind, sollten Sie positiv darüber nachdenken, was Sie jetzt sowie im Rahmen Ihrer nächsten Präsentation besser machen können.

Register

Bildnachweis

Der Verlag dankt den nachfolgend Genannten für die freundliche Erteilung der Abdruckgenehmigung.

Abkürzungen: (M) = Mitte, (r) = rechts, (l) = links, (u) = unten, (o) = oben

1: Real Life/The Image Bank/Getty (l), Adrian Turner (M), Adrian Turner (r); **2:** P. Winbladh/zefa/Corbis; **3:** Adrian Turner (o), Adrian Turner (M), BananaStock/Punchstock (u); **5:** Anne Rippy/Iconica/Getty; **7:** Yellow Dog Productions/The Image Bank/Getty; **8:** Gerhard Steiner/Corbis (l), Masterfile (Ml), Adrian Turner (Mr), Photodisc/Getty (r); **13:** Take 2 Productions/Ken Kaminesky/Corbis; **18:** Gerhard Steiner/Corbis; **23:** Jean Louis Batt/Getty; **29:** Strauss/Curtis/Corbis; **31–37:** Adrian Turner; **41:** Alyx Kellington/Photolibrary.com; **46:** Richard Schultz/Taxi/Getty; **49–50:** Adrian Turner; **53:** Chris Hondros/Getty; **56:** Adrian Turner; **60:** Ronnie Kaufman/Corbis; **67:** Adrian Turner; **69:** Real Life/The Image Bank/Getty; **71:** Adrian Turner; **73:** Chris Hondros/Getty; **99:** Jose Luis Pelaez, Inc./Corbis; **102:** Masterfile; **107:** Comstock/Punchstock; **111:** Real Life/The Image Bank/Getty; **115:** Image100/Alamy.

Alle anderen Abbildungen: © Dorling Kindersley.
Vgl. auch www.dkimages.com.

Der Autor

STEVE SHIPSIDE ist Autor und Berater im Bereich Wirtschaft und Kommunikation. Er schreibt regelmäßig für *The Guardian, The Times, The Telegraph* und andere Zeitungen. Zahlreiche Buchveröffentlichungen, darunter *E-Marketing* (Capstone Express, 2001) und *Podcasting* (Infinite Ideas, 2005). Auf Sky TV präsentierte er das Wirtschafts- und Wissenschaftsmagazin *Blue Chip*.